进退

刘青竹 编著

海豚出版社
DOLPHIN BOOKS
CICG 中国国际传播集团

图书在版编目（CIP）数据

进退 / 刘青竹编著 . -- 北京：海豚出版社，2024.

8. -- ISBN 978-7-5110-7051-7

Ⅰ. B821-49

中国国家版本馆 CIP 数据核字第 20246Z6X07 号

出 版 人：王　磊

策　　划：吕玉萍
责任编辑：肖惠蕾
装帧设计：韩海静
责任印制：于浩杰　蔡　丽
法律顾问：中咨律师事务所　殷斌律师
出　　版：海豚出版社
地　　址：北京市西城区百万庄大街 24 号
邮　　编：100037
电　　话：010-68325006（销售）　010-68996147（总编室）
传　　真：010-68996147
印　　刷：三河市燕春印务有限公司
经　　销：全国新华书店及各大网络书店
开　　本：1/16（710mm×1000mm）
印　　张：11
字　　数：126 千
印　　数：30000
版　　次：2024 年 9 月第 1 版　2024 年 9 月第 1 次印刷
标准书号：ISBN 978-7-5110-7051-7
定　　价：59.00 元

前 言

中国有句古话："无规矩不成方圆。"这里所说的"规矩"，可以理解为做事的规矩和行为的准则，它们是塑造个人品质、维系社会和谐的基石。只有遵循做事的规矩，我们才能在人生的道路上稳步前行，成就个人的价值。

做事的规矩不是逢场作戏，而是千百年来，中国人在处世、待人、接物中自觉自愿遵守的规则，是经过历史积淀保留下来的一笔宝贵的精神财富，是我们每一个中国人为人处世的准绳。

世事洞明皆学问，人情练达即文章。无论是个人还是组织，一旦掌握了这些待人处事的规矩和准则，也就掌握了一把通向成功的钥匙，可以帮助我们在行动中避开陷阱，做出明智的决策。

本书从做人、处世、沟通、做生意、职场关系、亲友关系等方面入手，为读者展示为人处世的道理、方法、技巧和注意事项。比如，待人处事要知道进退；做事要分清轻重缓急；与人相处要能屈能伸；懂得给别人留面子；成大事要善与人合作；舍小利才能大有作为……这些规矩中蕴含了中国人的智慧，懂得并遵守这些，就能得体地把握住与人交往的分寸，高情商处世。

本书没有华丽的辞藻和深奥的哲理，有的只是一些为人处世、修身养性的普通道理，但却是我们时刻应该牢记的智慧。

俗话说："国有国法，家有家规。"身处人群之中，我们就要遵守与人相处之道，不可漠视规矩。守规矩，是这个世界上最稳妥的一条路。

目　录

1

第九章　善于与人合作，舍小利才能大有作为 ▶

第一章

控制进退分寸，退得巧才能进得妙

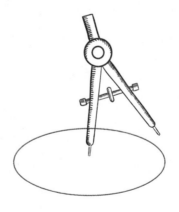

做人有分寸，做事知进退

做人有分寸、做事知进退既是一种生存策略也是一种人生智慧。古往今来，那些成大事的人几乎都是这方面的高手，他们熟谙处世的学问，待人圆融，办事妥帖，这样的人很容易赢得他人的尊重和帮助，他们的个人愿望也更容易达到。

所谓做人有分寸、做事知进退，是指待人处世要平和，不要锋芒太盛，肆意张扬，不然就会像三国时期的杨修一样，因为恃才傲物，最后招来杀身之祸，而要向有大智慧的人学习，比如毛遂，即便有才华、有能力，也不到处炫耀，而是适时而动，一旦动了便脱颖而出。

无数前人的经验告诉我们，一个人如果太有锋芒，行事太过高调，就很容易遭受厄运，比如杨修。杨修是三国时期非常有才华的文学家和谋士，一度被曹操赏识，但后来也死在了曹操刀下。那么，以爱才、惜才闻名的曹操何以要杀掉杨修呢？

有史料记载：杨修虽然有才，但情商实在太低，不自量力，他曾不知天高地厚地参与了曹氏的夺嫡斗争，被曹操所厌恶，只是因为爱惜杨修的才气，曹操才一直没有发作。但杨修不但没有收敛性情，反而自作聪明，屡次抢曹操的风头，甚至忤逆曹操，最终曹操忍无可忍，痛下杀手，杨修的死可谓是咎由自取。

下面，我们就来看看，杨修是怎样在曹操面前"乱了分寸"，一步一步把自己送上绝路的。

有一次，曹操府宅修建花园，快要完工的时候，曹操来视察，他看了工程后没说什么，只在门上写了一个"活"字，工匠们不解其意，一旁的杨修却马上说："门内加一个'活'字不就是'阔'吗？曹丞相是觉得园门太宽了。"曹操听后虽然表面上夸赞杨修非常通晓自己的心意，但却"心甚忌之"——十分忌惮杨修的才智。

杨修之所以让曹操起了忌惮之心，是因为他很轻易地猜出了曹操的心思，让众人觉得他似乎比曹操还聪明。身为曹操团队中的一员，杨修本应该尽全力维护曹操的形象和威信，而不是抢曹操的风头，甚至把他"踩在脚下"，让他在众人面前相形见绌，黯然失色。而杨修不但这样做了，而且还毫无顾忌，这样的员工，怎么能不让老板心生嫉恨呢？

如果说"园门事件"让曹操忌惮杨修，那么，接下来的这件事则让曹操对杨修恨之入骨。

曹操一向疑心很重，为了提防有人谋害他，便处心积虑自导自演了"梦中杀人"的戏码。一天夜里，曹操在帐中睡觉时故意把被子踢到地上，侍卫怕他着凉就上前拾起被子盖到曹操身上，结果被曹操一剑刺死。而杀人之后的曹操又像什么都没发生一样继续睡觉。

直到第二天起床时，他才装作不知情的样子，震惊不已，继而放声痛哭，并借机跟手下人说："吾梦中好杀人，凡吾睡着时，汝等切勿近前。"而杨修却当着众人的面戳穿了曹操的阴谋，说道："丞相非在梦中，君乃在梦中耳。"

此时，以杨修的聪明劲来说，他肯定已然猜透了曹操自导自演这出戏的真实用意，于是心直口快，无情地在众人面前戳穿了曹操的诡计，让曹操无地自容。这是杨修缺少自知之明的地方，面对有着生杀予夺之权的曹操，杨修没能很好地把握分寸，说了最不该说的话，祸从口出，难怪曹操听后恼羞成怒，对杨修产生了切齿之恨，开始寻找机会除掉杨修。

机会很快就来了，并且是杨修自己送上门的。

曹操与刘备交兵时曾一度在汉中打成了僵局，军心发生了动摇。曹操此时虽想退兵又心有不甘，一时陷入犹豫。这一天，曹营的军令官向曹操请示当天夜里的"口令"，正在用餐的曹操一眼看到餐桌上有一碗鸡汤，汤中有鸡肋，于是随口说了"鸡肋"二字。

杨修得知后又一次自作聪明地说："以今夜号令，便知魏王（指曹操）不日将退兵归也：鸡肋者，食之无肉，弃之有味。今进不能胜，退恐人笑，在此无益，不如早归。"于是便私下指挥军士提前收拾行装。曹操听说后大怒："汝怎敢造言乱我军心！"便喝令刀斧手将杨修斩杀，并把首级悬挂在辕门之外……

就这样，名噪一时的才子杨修死了，死于话多，没分寸。

回顾杨修与曹操的每一次互动，都令人扼腕叹息：杨修之死恰恰是因为他认不清自己的身份和地位，没有分寸，只顾着卖弄小聪明，不顾及曹操的感受，一味莽撞行事不计后果，亲手把自己送入了鬼门关，可怜也可恨。

相比杨修，同样是青年才俊的毛遂就聪明多了。

春秋时，赵国与秦国作战，赵国都城被秦军围困，形势危急。赵国的平原君奉命出使楚国，请求援兵。为了更好地说服楚国，借到援兵，平原君打算挑选20个文武双全的门客随行。结果，他一通精挑细选之后却只找到了19人。正在为难之际，门客毛遂站出来说道："算我一个吧！"平原君有些犹豫，因为他觉得毛遂平时一直默默无闻，并没有什么出色表现。但毛遂再三请求，平原君只好勉强同意。

平原君一行人来到楚国后，楚王与平原君两人从早晨谈到中午，援兵的事却毫无进展。毛遂找准时机大声对楚王说："出兵的事，无非利与害两种结果，再简单不过，为什么您迟迟不能决定？"楚王很恼火，喝道："我在和你的主人说话，请你出去！"毛遂听了非但没有后退，反而逼近楚王，手按宝剑说："十步之内，我就取你性命！"

楚王被毛遂的勇气震慑，没敢再说话。毛遂借机直陈楚国援救赵国的利害关系，语言精辟，让人十分信服。楚王听后很快答应出兵救赵。几天后，楚国联合魏国出兵援赵，秦军被迫撤退。毛遂因此被赵国尊为上宾。

毛遂的聪明之处在于，他的言行举止都非常有分寸感，进退有

度，知道什么时候说什么话，什么事能做，什么事不能做。时机不到的时候，毛遂就让自己处于"退"的状态，蛰伏在下，很少说话，以至于平原君认为他没什么才能。但是到了楚王面前，该据理力争的时候，毛遂立马表现出"激进"的状态，有勇有谋，用武力胁迫楚王的同时，还慷慨陈词，以理服人，最终打动楚王，解除了赵国之危。毛遂的所作所为就是懂分寸、知进退的大智慧之举。

所以，真正有智慧的人，做任何事都会考量分寸，进退有度，该退的时候绝不到处炫耀、咄咄逼人，这自然也就减少了来自他人的嫉妒、攻击和中伤；该进的时候，也会审时度势、凡事留有余地，既不淹没自己的才能，也给别人表现的机会。这样的人，不论是在职场，还是在生活中，都会多一些顺利，多一些和谐。

智者懂得迂回，以结果为导向

彼得养了一群狗，每次喂狗的时候，他都会恶作剧式地把狗粮放在护栏前，让狗子隔着护栏看到食物，他躲在一旁观察狗子们会有什么反应。彼得发现，每当他这么做的时候，总有几条狗会直接扑到护栏上去抢狗粮，却被护栏阻挡，一直吃不到；也总有几条狗试了几下吃不到之后，便绕过护栏来到食盆旁边吃狗粮。

这个有趣的事例看似很无厘头，但却揭示了一个耐人寻味的道理：能够达到目标的往往不是那条看似简单明了的捷径，而可能是那条阻力较小的弯路。

当克服眼前的障碍十分困难或是要付出几倍的代价时，聪明人往往会绕过障碍，采取迂回的方式达成目标。虽然这种方式要避直就曲，走一条看似耗时、耗力的弯路，但却可以更快地到达目的地，这就是迂回的智慧。

迂回不是投机取巧，而是一种灵活变通的处事方式。现实生活中，人们常常喜欢用"你要知难而进，勇往直前"来鼓励那些遇到困难、挫折的人，敦促他们不要轻言放弃。这话虽然说得不错，但更重要的是，当一再的努力和坚持都无法解决问题的时候，我们也要学会停下来思考和反省一下：我们努力的方向对吗？时机和形势是恰当的吗？有没有更好的解决方法？……

在努力争取成功的过程中，坚持不懈固然重要，而审时度势、学会迂回解决问题同样不可或缺。不顾客观实际，一味蛮干、盲目进取的做法往往会适得其反。那种一条路跑到黑、不撞南墙不回头式的坚持其实并不是值得提倡的锲而不舍的精神，而是不知变通的"一根筋"式的迂腐，这种迂腐的处事方式轻则浪费时间和精力，重则可能会搭上身家性命，就如同下面这个"毛毛虫实验"证明的那样。

法国一位昆虫学家经过多年的观察，发现了一种有趣的毛毛虫，它们有一种习性，习惯做"跟随者"。当这样一群虫子外出觅食的时候，会一只紧跟着另一只，首尾相连，连成一串，第一条虫子走到哪里，后面的虫子就跟到哪里，从不另寻他路。

这位昆虫学家做了一个实验：捉了十几只这种虫子，放在花盆附近，并在花盆四周撒落一些虫子爱吃的植物叶子。很快，这些虫子便连成一圈绕着花盆转圈吃东西。一圈又一圈，食物都吃光了，虫子们还在绕着花盆转圈。几天之后，昆虫学家再去观察的时候，发现这些虫子死在了花盆周围，它们仍保持着首尾相连的队形，没有一只离开队伍……

这些可怜的毛毛虫，但凡有一只敢于换个路径去寻找食物，命运也许就会完全不同。墨守成规、循规蹈矩是这种毛毛虫的天性，而我们人类当中也不乏类似的个体：做起事来一根筋，不知变通，即便是周围的环境已然发生了天翻地覆的巨变，这种人也仍旧因循守旧，毫无创新，不敢突破，一味循着老路低头蛮干，他们迟早会被淘汰出局。

懂得迂回的人往往不拘泥于一事一物，而是以最终结果为导向，这条路走不通就换一条路走，这个方法行不通就换个方法，条条大路通罗马。有很多难题看似已然无解，一旦换个角度，采用迂回战术，绕到问题的侧面或背后寻求解决之道，也许可以柳暗花明。

而且，懂得迂回处事的人不但可以用最小的代价最快地解决问题，有时候还能以静制动，不费吹灰之力，既避免了冲突，又能轻松解决问题。

中午时分，张三牵着马路过一家饭庄，肚中饥饿的他打算进去吃饭。他就把马拴在饭店门前的一棵大树上。刚要转身的时候，张三就看到李四也走过来把马拴在了大树上。于是张三劝李四说："我的马性子很烈，你的马拴在它旁边，我怕我的马一会儿发了脾气，会把你的马踢死。"

李四听了，不但没理会张三，反而给了他一个白眼，就径直走进了饭庄。张三无奈，又感到肚子实在饿得很，想想如果抓紧时间吃完快点离开，也许事情不会像自己想的那么糟糕。于是，他也赶紧进了饭店。结果，刚刚坐下就听到外面有马在惨叫，张三跑出去一看，果然是自己的马把李四的马踢死了。紧接着跑出来的李四见状暴跳如雷，扯住张三的衣领大声吼着要他赔马。张三当然不答应。争执之下，二人来到县衙请求知县主持公道。

知县问张三："你的马踢死了李四的马？"张三望了一眼知县，张了张嘴却没说话。知县又很大声地问了两遍，张三仍旧没吭声。知县于是对李四说："你告的这个人是个哑巴，案子很难审下去了。"李四着急了，立马嚷道："他不可能是哑巴！他之前还和我说过话呢。"知县觉得奇怪，问道："哦？他和你说什么了？"李四想都没想就说道："他说他的马性子烈，我的马拴在它旁边，可能被它踢死。"

知县一听就明白了，狠狠地拍了一下惊堂木，对李四喝道："既然张三早就警告过你，你为什么非要把马拴在旁边，出了事还要对方赔偿？！这不是无理取闹吗？！"李四被吓得低下了头，马上承认了错误，不再要求张三赔马。

故事中，张三如果直接向知县描述事情发生的经过，可能会遭到李四的矢口否认，而且，当时只有他们两个人在场，没有证人，两个人势必会为了各自的利益在知县面前据理力争，陷入到无休止的口水仗之中，无益于问题的解决。于是，聪明的张三巧妙地采用迂回策略，装成哑巴，最终让李四亲口道出实情，省去了两人之间的冲突，也让知县更直接地了解到真相，轻松地得到了自己想要的结果。

有人说：世界上最大的监狱就是我们的大脑，如果我们走不出自己的偏见，走到哪儿都是囚徒。而一旦我们能够跳出这个牢笼，养成发散思维习惯，多用迂回策略，我们就会获得无限的自由。

那些不懂迂回策略的人，其实是一种思维狭隘的表现。这类人往往知道真相和答案是什么，但却不愿意接受事实，一味蛮干。要知道，溪流只有放弃了直行路线才有机会回归大海。人也一样。

不懂得迂回的人也可能是想走捷径、想投机，但他们最后往往都走了最长的路。

世间万物的发生、发展，大多不是沿直线进行的，迂回处事，就是顺应事物的发展规律行事，是一种变通的智慧。俗话说："变则通，通则久"。当一些事情暂时无法解决时，只要一个转身就会发现，原来机遇就在身后。

走投无路时，后退才是路

人生一世，很少有人一辈子都一帆风顺，多多少少都会遇到一些挫败、打击，甚至身陷绝境。能否渡过难关，绝地反击，有时并不取决于我们的执着或实力，而取决于我们做事的态度和方式。

无数事实证明，当形势对我们十分不利或是对手过于强大时，我们如果不顾客观事实，一味坚持、固执己见，就是不自量力、以卵击石，这样做不仅无法达到预期目标，还会让自己元气大伤，甚至一蹶不振。

所以，聪明人在这种情况下绝不硬碰硬，他们会在必要的时候选择后退一步，然后寻找机会，伺机而动。

春秋时期的晏子是齐国的上卿，不但位高权重，而且以机智和辩才闻名。他在辅佐齐景公时，齐景公很喜欢养鸟，还专门派一名叫烛邹的臣子帮他照顾鸟。

有一天，烛邹一时疏忽让鸟飞走了，齐景公十分生气，居然下令杀掉烛邹。

大臣纷纷跪求齐景公饶过烛邹，正在气头上的齐景公面对群臣的请求反而越发失去了理智，甚至下令，谁再劝阻就和烛邹一同受罚。

晏子闻讯，对齐景公说道："大王做得很对，烛邹辜负了大王的信任，的确该杀。不过，在杀死烛邹之前，请大王允许我当面数落他的罪行，让他死得瞑目。"

晏子的一席话让齐景公的气消了一大半，他便命人把烛邹绑到晏子面前，让晏子数落他的罪状。

晏子一脸严肃地看着烛邹，不慌不忙地开始数落："罪状一，大王的鸟竟然被你放飞了，你辜负了大王的信任；罪状二，你放飞了大王的鸟，使得大王不得不因为一只鸟而杀人；罪状三，你死了不要紧，却连累大王因为一只鸟而杀人，这样的事一旦传扬出去，天下人都会讥笑我们国君把一只鸟看得比一个臣子的生命还重要，这不是败坏大王的声誉吗……"晏子的话还没说完，齐景公便尴尬不已，赶紧命令手下马上放人，称："烛邹杀不得。"

在这个故事中，晏子没有像其他大臣那样，一味劝阻齐景公不要杀人，因为那条路已然完全被盛怒之下的齐景公堵死了。在这种情况下，不论晏子是直言相劝，还是据理力争，都无异于火上浇油，不但达不到目的，还会适得其反，把他自己也牵连进去。

于是晏子以退为进，一反其他群臣的做法，先赞同齐景公杀掉烛邹，这个举动让齐景公感到意外，同时也卸下了心理戒备，怒气也随之消了大半。然后，晏子通过数落烛邹的罪状，"曲线救国"，向齐景公陈述因为一只鸟而杀掉一位大臣的后果，引发齐景公的自我反省，最终使齐景公主动撤回杀人的命令。

晏子的故事告诉我们：当形势不利于自己的时候，如果还一味坚持、精进就是蛮干，就是意气用事，不但于事无补，还会激化矛盾，使事情变得更难以解决。而退后一步，暂时蛰伏守低，却有可能缓和僵局。一旦事易时移，事情发生转机再伺机而动反而更容易出奇制胜。此时的后退并不是软弱、无能，而是为了更好地前进。就像出色的拳手，将拳头缩回来是为了更有力地再打出去一样。

同样的，当我们实力不够，不足以和对手抗衡时，也要学会退一步，放弃逞强好胜的想法，蓄力以待，就像春秋战国时期的孙膑那样。

孙膑、庞涓原本是一对非常要好的师兄弟。后来，庞涓、孙膑先后到魏国效力，庞涓担心孙膑的才能盖过自己，便设计陷害孙膑，使孙膑被处以"膑刑"——挖去膝盖骨，只能在地上爬行，还在孙膑的脸上刺下"私通齐国"的字样，让孙膑被万人唾骂。当孙膑得知这一切灾难都是庞涓陷害的结果后，他决心复仇。

但是孙膑也知道，以自己目前的处境，要报复庞涓简直是做梦。如今的庞涓是魏国的大将军，而自己连行进都得靠爬，实力根本无法和庞涓抗衡。

思来想去，身陷绝地的孙膑决心先让自己活下来，然后再寻找机会，绝地反击。

为了活下去，不再让庞涓继续加害自己，孙膑开始装疯。

一天，他突然把写了一大半的兵书扔进火炉里，然后在屋子里一边大喊大叫一边砸东西，还爬到猪圈里和猪待在一起。不顾猪圈里到处是粪便污秽，孙膑披散着头发，便躺了下去。有时，孙膑还会在大街上一边爬一边哭叫，晚上又自动回到猪圈睡觉。这样过了好几年。庞涓终于放松了警惕，减少了对孙膑的监视，使其来去自如。

有一天，齐威王派使臣访问魏国，得知这一消息的孙膑仿佛看到了一线生机，他费尽周折终于找到机会和齐国的使臣见了一面，把自己的遭遇告诉了使臣。使臣听后觉得孙膑是个不可多得的人才，决定帮孙膑脱离险境。离开魏国时，使臣偷偷把孙膑藏在了自己的车里，悄悄回到了齐国。

投奔了齐国的孙膑开始施展抱负，屡次立下战功，成为齐国的军师。

最终，在齐国与魏国交战时，孙膑指挥若定，大败魏军，并用计谋引诱庞涓在马陵道自刎，使自己大仇得报。

在孙膑和庞涓多年的生死较量中，二者的结局原本已是高下立判，孙膑必死无疑，但最终却是孙膑笑到了最后。究其原因，关键在一个"退"字。俗话说"大丈夫能屈能伸"，在无法与庞涓抗衡时，孙膑选择了先"退避"和"屈服"——通过装疯，让自己看起来如同废人，让庞涓以为对自己不再构成任何威胁，进而使庞涓放松了警惕之心。当齐国使臣到来时，孙膑见时机已到，立刻表现出"激进"的状态，"伸张"自己，最终找到了绝地重生的机会。

孙膑的"退一步"换来了"进两步"——不但让自己脱离绝境，还实现了终极目标——一雪前耻，可以说是置之死地而后生。

为人处世，有风骨、有热血固然值得钦佩，但更要有能忍耐、知进退的大智慧。退却并不是怯懦，而是坚韧，笑到最后的人才是笑得最好的。

志得意满时，退一步才能保全

晚清名臣曾国藩被后世视为中国近代史上最有影响力的人物之一，一生成就无数，享有"晚清中兴第一名臣""官场楷模""千古完人"等诸多美誉，后人甚至称其为中国封建王朝时代的最后一位"圣人"，死后更是被等级森严的清廷赐以"文正"的谥号，这是中国古代臣子死后，皇帝给予的最高谥号，代表着极高的荣誉。毛泽东主席在评价曾国藩时也曾说："愚于近人，独服曾文正"，认为曾国藩在进德修业、经邦治国方面都是有大智慧的人。

曾国藩28岁中进士，踏入仕途，在三十多年的宦海沉浮中，他先后经历升迁、革职、丁忧、起复，虽然几经波折，但还是稳稳地走到了最后。这在当时波诡云谲、险象环生的清末官场上来说，几乎是一个奇迹。而这一切都是和曾国藩深藏不露的处世智慧分不开的。其中，最为重要的一点就是，他能够在志得意满时保持清醒头脑，从不得意忘形，秉持"盛时常作衰时想"的进退原则，避嫌远祸，从而成为最后的赢家。

1864年，历经多年血战，曾国藩终于率领湘军攻克了太平天国的首都——天京。而在此之前，清廷曾多次出兵剿杀太平天国都以失败告终，有几次甚至面临兵败亡国的危险。所以，收到湘军获胜的消息后，清廷朝野震动，当权的慈禧太后和一众大臣更是盛赞曾国藩和他的湘军"立了天下第一功"，并封曾国藩为太子太保、一等侯爵，世袭罔替，同时又赏戴双眼花翎。面对这少数的殊荣，曾国藩却非常冷静，并在一个月后主动向朝廷递上奏折，请求裁撤湘军。

要知道，湘军可是曾国藩费尽多年心血一手创建的，他之所以要在这支队伍刚刚立了大功、最"风光无限"的时候裁撤掉它，恰恰是曾国藩深谙为官之道，在官场上懂分寸、知进退的体现。

在别人看来，立下大功、倍受荣宠的曾国藩煊赫至极，从此走上人生巅峰，但在曾国藩本人看来，自己却是危险至极、如履薄冰。

曾国藩深深知道"树高易折，楼高易倒"的道理，他因为创建湘军而声名远播，从湘军初创到其不断壮大直至获得巨大军功，他始终都处于核心领导的地位。身为一名汉人官员，又手握兵权，这会让那些有着严重"重满抑汉"倾向的清朝统治者们产生很大的焦虑和担心。

特别是湘军攻克天京后，手握重兵的曾国藩更是引发了当政者慈禧的巨大不安。在慈禧看来，曾国藩是事实上的军界精神领袖，很多执掌兵权的封疆大吏都唯曾国藩马首是瞻，她担心曾国藩拥兵自重，威胁朝廷。而功高盖主，历来是为人臣者的大忌。

另一方面，历经多年征战的湘军，随着人数和装备的逐年攀升，军费负担无以为继，这就导致湘军士兵不得不通过抢掠百姓来维持温饱，军纪逐年败坏，战斗力也在走下坡。曾国藩觉得此时裁军，不但可以消除慈禧和皇帝对自己的疑虑，避免使自己落得个"兔死狗烹"的下场，还可以借裁军之机大力整顿军队，保留精锐，节约军费开支，可谓一举多得。

事实证明，曾国藩这一"英雄自剪羽翼"的举动看似疯狂，实则是明智之举。裁军之后，曾国藩曾几次主动请辞，而慈禧不仅三番五次"严辞慰留"，更是对他委以重任。正是这种得意之际不忘形的清醒使曾国藩成为史上既功高盖主又能全身而退的极少数人物之一。

曾国藩不但在官场上时刻保持头脑冷静，进退有度，在个人生活中也极力戒除骄矜之气，牢记"满招损，谦受益"的祖训，更是把谨言慎行作为自己的修身之道。在《曾国藩家书》中，他不止一次在信中告诫自己的弟弟们要时刻记得"德以满而损，福以骄而减矣""惟谦谨是载福之道"。

正是在曾国藩的教导和感召之下，整个曾氏家族历经八代，人才辈出：除了位列三公、封侯拜相的曾国藩之外，曾家史上留名的还有曾国藩的儿子、著名外交家曾纪泽，曾经代表清廷出使英、法、俄，经其多次斡旋终于收回伊犁；曾国藩的孙辈有曾广铨（清廷驻韩、驻德大使）、曾广銮（正一品武官建威将军）、曾广珊

（女诗人）；曾孙辈有曾昭燏（著名考古学家）、曾昭权（湖南大学教授）、曾昭亿（北平交通博物馆主任）；玄孙辈有曾宪楷、曾宪柱、曾宪森，分别是中国知名大学教授……曾国藩家族可谓是中国近两百年来最成功的家族之一。

保持谦谨，力戒骄矜，即便志得意满也不忘形，这是曾国藩以及曾氏家族的成功之道，之所以如此，是因为如果不这样，可能就会招致以下的挫败或打击。

1.引发失败

人在得意时如果过分狂妄，往往会头脑发热，忘乎所以，失去应有的警惕，对形势和自身的实力失去正确的判断，在接下来的行动中引发失败。

在心理学中，有一条"耶克斯-多德森定律"，这一定律认为：不同的情绪状态会影响人们完成任务的水平和绩效。比如，当人们处于十分得意的情绪状态时，就很难完成中等难度或高难度的任务，即便是完成低等难度的任务，也十分容易出错。

所以，我们在取得巨大成功或是得到他人的赞赏、认可时，一定要保持头脑冷静，学会发散思维，比如这次成功得益于什么？是我自身的能力，是客观条件使然，还是纯属巧合？我的成功经验可以复制吗？……这样的发散思维不但有助于我们保持谦虚谨慎的心态，更可以帮我们总结、借鉴成功经验，不断进步。

2.招致嫉妒

人在志得意满时往往会产生高高在上的错觉，认为任何人都不如自己，从而变得傲慢无礼、目中无人，到处炫耀自己的成功或得意之处，这就容易伤害他人，招致嫉妒和嫉恨，一些心胸狭隘的人甚至会伺机报复，暗中使绊子，让曾经得意一时的人当众出丑、栽跟头。

鉴于这样的缘故，我们在成功或得意时更应该保持一颗平常心，看淡得失，更好地反省自己，不断拓展自己的眼界和胸襟，丰富自身的人格。这样一来，不但更容易保持成功，还可以感召更多的人欣赏你、认可你，甚至是追随你。我们的成功之路也会越走越宽。

第 二 章

分清轻重缓急，做真正有意义的事

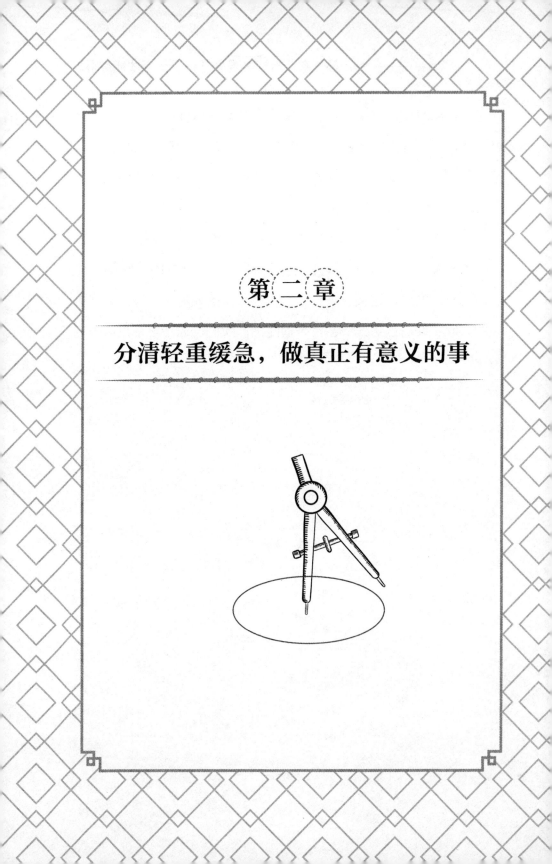

掌握时间管理四象限法，拒绝无效忙碌

"一天之中，我可以完成四个人才能完成的工作，还可以获得一般人两倍以上的自由时间……"

听了上面这段话，有人可能会觉得说这话的人要么是在吹牛，要么是有分身术，不然怎么可能会活得这么"高效"？其实，这个人既没有吹牛，也没有分身术，他只是学会了有效的时间管理方法。

科学地管理时间，高效地安排好一天24小时，可以说是一项十分重要的生存技能，它可以帮我们很好地平衡工作和生活，更轻松地实现目标，获得成功，享受人生。无论是为了工作还是为了生活，我们都应该好好学习和实践时间管理技巧。

关于时间管理，我们的前辈们早已摸索、提炼了不少可贵的经验和有效的实践方式，其中比较有效、也比较常用的一种方法就是——四象限法。

这套时间管理法是把我们要处理的事务按照一定原则确定先后顺序，有序处理事务。这一方法可以帮我们把主要精力和时间集中在那些重要的事务上，让我们在纷繁复杂的工作和生活中从容且有序地应对每一天，摆脱掉忙乱而低效的状态。

具体来说，四象限时间管理法是把事务按照"重要性"和"紧急性"划分为四个象限，即——

第一象限：重要且紧急的事务。

这类事务的特点是：

1.时间紧迫，必须在第一时间优先解决，并且有着重要的影响力，不能拖延更无法回避。比如，重要的升学考试、重大项目谈判。这一类事务必须按时照办，并要为之提前做好准备，保证其顺利进行。

2.处理方式和精力分配：马上做，要分配20%的精力。

3.日常工作和生活中，这类事务不要太多，否则我们会变得很有压力和危机感。这类事务增多的原因往往是当它们还处于第二象限，即"重要但不紧急"的状态时，我们没有很好地处理，以至于原本只是"重要的"事务因为拖延变成了既"重要"又"紧迫"的事务，逼得我们不得不临时抱佛脚，却又往往忙中出错。

第二象限：重要但不紧急的事务。

这类事务的特点是：

1.时间并不十分紧迫，但具有重大影响力。比如，准备重要谈判的会谈资料；认真复习，为高考做准备。这些事务在当下看来并不十分紧迫，但我们一定要为之提前做好准备、制订计划，并按计划高效地执行，这样才能在重要谈判和高考到来的那一刻好好应对。否则就会在最后的时刻到来之际束手无策，造成极大的负面影响和无法挽回的损失。

2.处理方式和精力分配：重点做。重点花时间和精力去经营和投资。提前做好计划和准备，并按计划严格执行。要分配50%的精力。

3.日常工作和生活中，要集中时间和精力处理好这类事务，做好规划，按部就班地执行。

第三象限：紧急但并不重要的事务。

这类事务的特点是：

1.虽然不重要，但时效性很强，看似需要马上处理，实际上却有着很大的欺骗性，让人误以为是很重要的事情要第一时间进行处理，比如，不重要的临时来电，朋友的突然造访等。

2.处理方式和精力分配：委托做。尽量授权给别人去做，分配25%的精力就足够了。

3.日常工作和生活中，要减少或避免亲自处理这类事务，腾出时间做更重要的事情。

第四象限：不紧急不重要的事务。

这类事务的特点是：

1.往往都是琐碎杂事，不重要，更不必优先处理，比如上网冲浪、煲电话粥、上街闲逛等。

2.处理方式和精力分配：减少做。勤奋而有追求的人断然不会花过多时间和精力在这种事务上。只分配5%的精力就可以了。

3.日常工作和生活中，这类事务可以作为一种休闲娱乐的方式，适当调剂生活，如果沉迷其中，以此为主就是在浪费生命。

通过四象限时间管理法，我们不难看出，要提高时间利用率，除了要优先完成第一象限的事务之外，我们应把主要精力和时间重点放在"重要但不紧急"的"第二象限"中的事务上。这一象限中的事务往往都是关乎事业成功、人生发展的大事，好好计划和安排第二象限中的事务，我们会得到巨大的回报，而且，如果第二象限的事务处理得好，我们也会减少第一象限中那些重要事务的急迫性，多一些富裕时间把其他事情处理得更好。

同时，我们还要谨慎区分第一、三象限，即"重要且紧急的事务"和"紧急但并不重要的事务"之间的不同。"紧急的事"往往会给我们造成一种假象，认为要优先处理，而一旦我们被这种假象迷惑，被"紧急但并不重要的事务"缠住，就会把大量的时间和精力耗费在那些琐碎的事情上，每天忙忙碌碌却办不成任何有意义的事，影响工作和生活。

区分第一、三象限的事务，不要看其是否"紧急"，而要看这件事是否"重要"。比如，这件事虽然很紧急，但它会影响你最近或将来的工作吗？会对你的人生目标和人生规划有什么影响？如果有影响，这件事就属于第一象限的内容，需要立即处理。如果没什么影响，就属于第三象限的事务，可以授权给他人帮忙处理。

四象限时间管理法帮我们解决了处理事务的优先级别的问题，在这个基础上，我们还应该学习如何制订清晰的目标和计划。

以制订高考复习目标为例，在制订目标的过程中，应该让目标具有可实施性，要清晰具体，并且可以量化、可以衡量，更要有时限性。

比如：每个科目每天分配多长时间来复习？复习到什么程度为止，是把所有知识点都记熟还是把模拟题全部做对为止？先复习优势科目还是劣势科目？各自占用多少时间？……这些细节可以帮我们明确目标的方向，分解任务，合理地安排时间。

一旦制订了清晰、可实施的目标，我们就可以把目标分解成一个个任务，制成日程表和待办事务清单，然后按照表单安排、监督一天的活动。

再好的时间管理技巧也靠执行到位才能实现。在进行时间管理的时候，保持注意力的集中很重要。每天的工作和学习中，我们都会遇到各种干扰，要避免这些干扰，除了要有毅力拒绝各种诱惑之外，我们还要有勇气对一些人和事说"不"，比如，面对那些不必要的应酬，那些超出我们能力范围或不适合我们的任务，我们要有勇气推辞，或是积极寻求他人的帮助，委托给对方代办，以保护我们的时间和精力不被侵占。

而且，时间管理不是一次性的行为，它需要长期坚持。在坚持的过程中，我们还要不断地反省、总结、优化，让时间管理形成一个良好的循环。

在时间管理的过程中，我们还要调整好心态和态度，要明白：时间管理不是为了让我们成为一个完美主义者，不是为了做更多的事情，让自己变得更忙碌、更紧张、更疲惫，而是为了更好地平衡工作和生活，让自己做更有价值、更有意义、更有质量的事，进而让我们自己更轻松、更满足、更有成就感。一句话：时间管理是为了让时间成为我们的朋友而不是成为我们的敌人。

明确目标，专注于有价值的事

美国哈佛大学曾经对一批哈佛大学毕业生进行过"人生目标"的跟踪调查，在第一次调查中，工作人员发现：这批毕业生当中，27%的人还没有什么人生目标；60%的人有比较模糊的目标；10%的人有清晰的目标；3%的人有清晰且长远的目标。

20年后，调查组再一次对这批学生进行了调查，他们发现：那批有着清晰和长远目标的人，经过20年的不断努力几乎都成了社会精英或是行业领袖；那些目标比较清晰的人则成为所在领域的专业人士，处于社会的中上层；那些目标比较模糊的人则过着相对安稳的生活，工作稳定但表现平平，处于社会的中下层；而那些当初没有人生目标的人，他们当中的大多数如今仍然生活在迷惘中，时常发发牢骚、心存抱怨，认为自己怀才不遇，遇人不淑，机会不肯垂青他们。

从这项调查中，我们不难看出，明确的目标以及为目标而不懈努力的行动对一个人的成功是多么重要。即便是哈佛大学的高才生，如果缺少了明确目标的指引和驱动，也是一事无成。

目标就如同罗盘，当我们驶入人生之海的时候，要想达到成功的彼岸，就时刻离不开罗盘的指引，否则，我们就可能迷失在茫茫大海中。纵观所有成功的人生，无不是对目标进行出色管理的一生。

既然目标很重要，那么，是不是目标越多越好呢？当然不是！目标在精不在多。事实上，真正值得我们全力以赴的目标可能也就只有一两个。专注有价值的重要目标，并为之不懈努力，我们的人生才会有所成就。

美国知名商业财经专栏作家格雷戈·麦吉沃恩认为，我们每一个人的时间和精力都是有限的，用有限的时间和精力做最有价值的事情，才能实现我们个人价值的最大化。他同时也坚信：世界上90%的事情都是毫无价值的，只有那极少数的10%才具有非凡的价值。成功的人生就是找到这10%，并把时间和精力专注在这些具有非凡价值的事务上。

然而，要从千头万绪的事务中筛选出那些最有价值的事务并不容易，我们不妨尝试按以下几步走：

1.摆正自己的位置

爱因斯坦作为20世纪最伟大的科学家，为人类社会和自然科学作出了巨大的贡献。而这一切都与他对自己的清醒认知和一生为明确目标而奋斗的努力是分不开的。

爱因斯坦在小学和中学时期就明确了自己的人生方向——向科学领域发展。

据说，他曾对自己的学科成绩进行过认真的分析，他发现：自己的代数、几何、投影几何、物理、历史这几科得分最高，其次是德语、意大利语、自然历史、化学等科目。很显然，他的理科成绩有着明显的优势。所以，读大学时，他便选择了瑞士苏黎世联邦理工学院的物理学专业，并在几年的学习中打下了坚实的基础。1921

年，爱因斯坦因光电效应研究获得诺贝尔物理学奖，他的研究有力地推动了量子力学的发展。之后，他又发表了多篇非常有影响力的论文，解释了光电效应、宣布了狭义相对论，促进了人类对宇宙的进一步认识。

1952年，爱因斯坦的老朋友以色列首任总统魏茨曼逝世，以色列政府邀请爱因斯坦接任以色列共和国总统。而爱因斯坦明白自己的志趣和所长不在政治而在科学，于是婉拒了这一邀请。他坚称自己只适合研究客观事物，在行政与人际交往方面一无所长。这件事让爱因斯坦更加坚定了自己的人生发展方向，继续朝着成为伟大科学家的路上迈进。

美国政治家富兰克林曾提出："宝贝放错了地方就是垃圾"。我们一定要认清自己是什么样的人才，适合做什么工作。要选择最能够使自己全力以赴的，最能够让自己的品格和长处得以充分发挥的职业。唯有充分利用了自己的长处，才能够让自己的人生增值。

2.确定有价值的目标

那些钢筋水泥丛林中整日低头忙碌却没有什么建树的人，主要是因为他们每天都陷在写邮件、见客户、打电话、接电话的琐碎事务中，虽然忙成了"八爪鱼"，但都是被没有价值的琐事缠身，是"琐事"的受害者。

低质量的勤奋，比懒惰更可怕。

我们要想成就自己，就要从这种毫无价值的琐事中抽离出来，把时间和精力全部集中在有价值的事情上，不做"琐事缠身"的牺牲品。

在日常工作和生活中，我们要学会在众多纷繁的事务中辨别出对自己最有用的并抓住它，如果一时无法判断是否"最有用"，就考虑这样一个标准：如果你的判断不是确定的"Yes"，那就一定是"No"，放弃模棱两可的想法。

3.目标要"跳一跳，够得着"

人们常常用"心有多大，舞台就有多大"来鼓励自己要树立高远的目标。实际上，目标并不是越大、越高就越好，而是要结合自身实际情况，制订切实可行的目标才是最有效的。目标过于高远，超出了自己的实际能力，实现起来一时半会儿看不到希望，我们就容易产生挫败感。当然，目标太过简单也没有意义，实施起来毫无挑战性的目标无法激发我们的潜力，也不能让我们很好地发挥专注力。

最好的目标是"跳一跳，够得着"。哈佛大学心理学院教授戴维·麦拉伦认为，有六成把握会成功的目标就是"跳一跳，够得着"的目标，也是最为理想的目标。比如，一位学生的英语成绩以前一直是50分，他"跳一跳，够得着"的目标可以是提高到70分，如果他定下100分的目标就很难达到，容易让自己自暴自弃，让斗志和专注力继续沉睡。

而且，好的目标还要具备以下特点：

a.具体(Specific)

即目标可以用具体的语言进行表述，便于理解和执行。

b.可衡量(Measurable)

即目标应该有明确标准或可以量化，以便衡量是否达成目标。

c.可达成(Attainable)

即目标要符合实际情况，具有可实施性，不是不切实际或无法达成的。

d.相关性(Relevant)

即目标要和团队或个人的其他目标相一致，不能偏离主题。

e.时限性(Time-bound)

即目标要有明确的完成时间，以便及时跟踪和调整。

目标的这五个特点又被称为"SMART原则"，符合这五个特点的目标往往都能促进时间管理，达到高效的工作效率。

4.以难度最低的任务作起点

在实现目标的路上，设定难度最小的任务作为起点，可以保证能够轻松完成任务，帮助我们在起点处获得信心和希望，实现良性循环，激发创造力和专注力。

作为自己人生的总设计师，我们有权为自己设定明确的目标，也必须这样，找到最有价值的事情并专注地投入时间和精力，做到极致，摆脱"忙、茫、盲"的混乱状态，过上成功而有意义的幸福人生。

设定事务优先级，避免分心与拖延

很多人在做事的时候，总是习惯于先处理那些看上去十分紧急的事情，结果在工作中很被动，像救火队员一样到处扑来扑去，一直被琐碎的事情缠身。这些人也往往会有相同的习惯，就是事情不到火烧眉毛的时候，他们就不会动手去做。于是，常常是事情被拖延到临近期限时，他们才手忙脚乱地去应付，所以这类人一直处于无头绪的忙乱中，做的事情毫无质量，也毫无效率。

而那些比较成功的人士绝不会这样工作。他们做事前会先分清主次，并设定事务的优先顺序，然后按"重要程度"来安排时间，先做最重要的事，再做次要的事，即"要事第一"。优先保证最重要的事情最先做，投入的时间和精力也相对比较多，这样就能保证做好最重要的工作。

那么，我们怎么区别事务的重要性呢？一句话：重要的事情通常和我们的目标密切相关。这里有四个标准可以参照：

1.完成这些事务可以帮我们更接近主要目标，比如年度目标、月目标、周目标、日目标。

2.完成这些事务有助于我们为实现团队的整体目标做出最大贡献。

3.完成了这一事务，其他许多问题就会迎刃而解。

4.完成这件事务能使我们获得最大利益，比如，完成阶段业绩或是赢得公司的股票等。

根据上述标准，我们给事务排出优先级别后，就要对最具价值、最应该优先处理的工作投入充分的时间和精力，用80%的时间和精力去做最重要的事情，用20%的时间做其他事情。这样，那些重要的事就不会被拖延变成重要而急迫的事，工作对我们来说也就不会像一场无休止的、永远也跑不赢的百米冲刺，而是一件可以从容应对、并带来丰厚回报的快乐活动。

19世纪中叶，美国第二大钢铁公司——伯利恒钢铁公司曾名噪一时。

有一次，它的总裁查理斯·舒瓦普为了提高他本人和公司的工作效率，特意会见了效率专家艾维·利，向他请教"如何更好地执行计划"。

二人见面时，艾维·利非常自信地告诉查理斯·舒瓦普，他可以在10分钟内教给舒瓦普一套方法，一旦这个方法被采用，舒瓦普和公司的工作效率将会提高50%！

说完，他递给舒瓦普一张白纸，并说："把你明天务必要做的工作列出来，然后按重要程度进行排序。把最重要的事务排在第一位，依次类推。明天早晨一上班，你马上从第一项工作做起，一直做到完成为止，然后再开始做第二项、第三项……

如果你一整天都在处理第一项工作也没关系。只要你确认它是最重要的工作就坚持做下去。接下来，你坚持每一天都这么做。当你觉得这个方法很有价值的时候，你就让公司的其他人也这样做。"

看着舒瓦普将信将疑的表情，艾维·利继续说道："这个方法你愿意试多久都行，然后给我寄一张支票，填上你认为恰当的数字。"

几个月之后，艾维·利收到了舒瓦普寄来的一封感谢信，同时还有一张25万美元的支票。舒瓦普在信中说，艾维·利给他上了一生中最有价值的一课。

五年后，伯利恒钢铁公司从一个藉藉无名的小钢厂一跃成为美国大型钢铁企业。伯利恒钢铁公司的人们普遍认为，公司能有今天的成就，艾维·利功不可没。

而舒瓦普更是在很多年之后还时常对朋友说："我和我的团队一直坚持'要事第一'的习惯来处理公司事务，这是我们多年来最有价值的经验！"

艾维·利交给舒瓦普的方法，概括来说就是"要事第一"。我们每个人的时间和精力都是有限的，只有把有限的时间和精力花在最有价值、最重要的事务上，我们才能收获最大的回报。我们必须让这个重要的观念成为一种工作习惯。每次开始一项新工作，都要首先搞清楚什么是最重要的事，找到它，然后全力以赴做好它。

坚持要事第一，还要注意保持时间安排的弹性化。比如，我们在安排计划时最好以周为单位，便于调整时间，还要保证每天至少有40%的机动时间是可以自由支配的，而不要把一天的时间安排得过于拥挤、满满当当。

留出一些机动时间，有助于我们处理临时出现的各类突发事件。如果日程安排得过于密集，我们计划中的重要工作可能就会被突发事件打断，不能在当日完成。

而且，即便没有突发事件，我们也应当留些自由的"机动时间"来处理一些较次要的问题，或和同事们联络一下感情，也可以用来休息和放松。这样，工作对我们来说就不至于变成苦役，而是张弛有度的活动。

坚持要事第一，我们还要学会拒绝，拒绝那些不重要的事务，或者不是我们职责范围内的工作。不要让琐事分散我们的注意力，降低工作效率。有些不需要亲力亲为的事情要学会委托给他人，然后集中更多精力在必须亲自处理的重要任务上。

坚持要事第一，要学会在做事时保持专注。专注才能提高效率。正式开始工作或学习时，将手机静音或是离开有干扰的环境。长时间的专注后，也要注意适当休息，这对于保持头脑清醒和提高效率非常重要。比如，我们可以每工作一小时休息10到15分钟，通过运动、喝点儿茶来缓解一下之前高度紧绷的神经，恢复一下精力，为下一时段的工作做准备。

最后，坚持要事第一，除了要学习、实践上面所说的时间管理办法和技巧之外，最应该做的还是要摒弃拖延的陋习，养成立刻行动的良好习惯。方法再高妙，如果没有实际行动去执行，一切都是空谈。所以，效率管理还要和我们的自我管理相结合，相辅相成、同步发展。

持续自我反思，不断优化行动路径

孔子一生收了很多学生，其中有一位叫曾参的，也就是曾子，深得孔子喜爱。曾参勤奋好学，对人忠诚。有一天，曾参的几位同学问他："你怎么进步这么快呀？"曾参笑着说："我不过是每天都要多次地反问自己：帮别人办事的时候有没有不尽心的地方呀？

和朋友交往有没有不诚实的地方呀？老师传授的知识有没有好好学习呀？（吾日三省吾身：为人谋而不忠乎？与朋友交而不信乎？传不习乎？）"

曾参的话传到孔子那里后，孔子更加喜爱他了，把曾参看成了自己最得意的弟子。

曾参通过每天的"三省"，成了同学眼中进步最快、老师最喜欢的学生，他用现身说法向我们揭示了这样一个方便法门：不断地自我反思，可以让我们不断进步。

我们所有人都是生来两手空空，全部的生存技能都是通过后天学习得来的。学习的过程中，我们除了通过书本向前人学习，或是从身边人那里学习，还有一种，也是非常重要的一种学习方式就是从自己的经验和教训中学习。特别是那些勇于创新的人们，这类人的所作所为都是前无古人的，无师可以学习，就只能从自己的经验中学习。这就需要我们有善于自我反思的精神和能力。

自我反思可以帮我们从过去的失败教训或是成功经验中发现问题，总结得失对错，从而修正错误、提炼好的方式方法，找出规律性的东西，指导我们未来的行动，让我们再遇到类似问题时不再犯同样的错误。我们因此就会一天比一天进步，一天比一天成功。从这个意义上说，不断自我反思是实现自我成长、保持成功的一个最简单、最实用的方法。善于自我反思的人会不断成长，不断自我优化，越来越强大。

善用自我反思不但能促进个人的成长和成功，还可以成就一个伟大的企业。

华为，作为一家年轻的中国电信设备运营商，在短短三十几年的时间里就发展、壮大成为一个敢于和行业巨头抗衡的国际企业，并在一些领域取得了领先优势。它的5G技术遥遥领先于世界。一位中国工程院院士曾说："没有一个国家能制约中国5G的发展。"华为已然成为令全体中国人骄傲的品牌，让美国也忌惮几分。

华为之所以能发展得如此迅猛又如此稳健，有一部分要得益于华为不断自我反思的运营机制。了解华为的人都知道华为企业文化中的三大著名作风，其中之一就是"坚持自我批判"。有分析家甚至把华为的这种"自我批判"机制看成是华为不断取得技术创新的成功密钥。

华为总裁，同时也是华为创始人任正非在接受《南华早报》的采访时说道："任何时候不放弃自我努力，不放弃'自我批判'。我们公司最大的优点就是'自我批判'，找个员工让他说他哪里做得好，他一句话都讲不出来，但让他说他哪里不行，他会滔滔不绝。"

在华为，在总裁任正非的所有讲话中，"自我批判"一直都是高频词。无论是谈组织问题、干部问题，还是谈企业文化、公司机制，他始终强调"自我批判"的重要性。

为了让公司决策层听到更多批判的声音，实现兼听则明，华为还在内部网站开通了"心声社区"，设立"自我批判区"，所有员工都可以在这里针对公司的任何决策"说三道四"。而且，这些言论无论对错，都不允许删除，为的是警示公司的决策层。

华为还成立"蓝军参谋部"，主要任务就是从竞争对手的视角，给华为挑错，以提高公司的研判能力。

在这些举措的基础上，华为还细化了"自我批判"的流程：反思——总结——改进。反思，即无论员工个人还是公司决策层，都要全面地自我审视，客观地自我评价；总结，即在反思的基础上找出失败的教训或是成功的经验，明确下一步目标；改进，即在明确目标的基础上，制订实现目标的具体步骤和方式方法。

虽然华为一直严苛地执行"自我批判"的机制，但公司并非不允许员工出错。公司反而以开放、宽容的态度允许员工犯错，给员工以充分的成长空间，但有个条件就是——"允许犯创新性的错误，不允许犯流程性的错误"，因为在公司管理层看来，重复犯流程性的错误是一个人、一个部门没有自我反省、缺乏自我批判的表现。从这个意义上来说，华为容忍错误，但不容忍没有"反思"。

"自我批判"让华为一直有着强烈的危机意识，不断发现自身的问题和纰漏，不断完善和精进公司的管理和决策，使华为一次次转"危"为"机"，在血雨腥风的国际商战中一次次成为浴火重生的"不死鸟"。

曾参的自我反思、华为的自我批判，使他们一直处于不断自我优化和精进的状态，作为普通人，我们可能无法成为第二个曾参和华为，但如果我们也能养成自我反思的习惯，持续地优化自我，就能把我们的每一次经历都变成一种财富，我们在经验上、在精神和心灵上就会越来越丰富，我们的实力就会越来越强大，就一定能成为最好的自己，拥有充实而有价值的人生。

自我反省、自我优化可以从点滴做起。

比如，反思、优化一下我们的行为习惯：我们每天都是怎样度过的？有没有虚度时光？如果我们在反思中发现，每天有两三个小时的时间用在了玩手机、看短视频上，那么是不是可以优化一下这个习惯——把这两三个小时用来读书，或是健身？

再比如，我们还可以反思、优化一下自己的人际圈子：圈子决定了我们人生的层次，如果通过反思发现，和我们常来常往的人，他们感兴趣的都是吃喝玩乐而缺少精神上的追求，那么，我们可不可以想办法多结识优秀的人，不断地向他们靠拢，也不断提升自己。

更重要的是，我们还可以反思、优化自己的核心认知：认知决定一切。人生中的所有选择和决策，甚至包括命运，都是由我们的认知决定的。如果在反思中发现，我们的认知水平需要快速升级，那么我们可不可以通过读优质好书、交优质朋友来迅速优化我们的核心认知？

自我反思、自我优化是一个美妙的过程，它可以让我们以轻松的姿态过有价值的每一天。每一次反思，都让我们更深刻地了解自己，每一次优化，都让我们比上一时刻更加进步、更加优秀。

第三章

学会能屈能伸，面子远不如"里子"重要

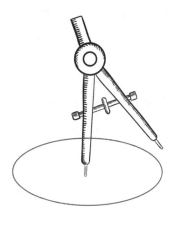

⚖ 谦逊为人，虚心求教好做事

《荀子》中有这样一个故事：

有一次，孔子和几位弟子到鲁国的宗庙朝拜。在宗庙里，弟子们看到有一种很特别的器皿半倾斜地立在那里，既不是祭拜用的器物也不像是日常用品，就好奇地请教孔子。

孔子没有直接回答弟子的问题，而是让弟子取来一些水注入到器皿里。结果，人们惊奇地发现，当水注到一半的时候，原本倾斜的器皿居然直立起来了。而当水刚刚注满的时候，器皿又倾斜了，并把水洒了出来。

这时，孔子指着器皿对弟子们说："这是欹器。它空着的时候是倾斜的，水注到一半的时候会直立起来，水装满之后会翻覆。在过去，鲁桓公一直把欹器放在座位的右侧，用来提醒自己绝不能骄傲自满。一旦自满，就会像欹器装满了水，必然会翻覆。"停了一下，孔子又说："我们读书做学问也是如此，一旦起了骄傲自满之心，就无法再汲取知识，还会摔跟头。"弟子们听了，纷纷露出恭谨的表情。

欹器的故事形象地揭示了一个简单而又深刻的道理：无论是做人还是读书做学问，一定要谨记"谦受益，满招损"。纵然我们有着超人的才华和见识，也要虚怀若谷，保持谦逊的态度，否则，就可能给自己招致祸患。

闻名中外的京剧大师梅兰芳的艺术造诣和表演水平可以说达到了登峰造极的地步。这是他穷尽一生孜孜以求的结果。

早在20世纪20年代，他表演的《霸王别姬》就已然轰动京华。在一场演出中，当他演到虞姬舞剑时，坐在前排的一位老人突然起身离座，很大声地说道："剑都舞走样了！还敢登台！也敢称名角！"说完拂袖而去。

演出结束后，梅兰芳托人打听到了老人的名字和住址，前去拜访。

见到老人时，老人正在自家院子里舞剑。梅兰芳上前恭恭敬敬地向老人鞠了一躬说："老先生，我是来向您求教的。"老人很冷淡地回绝道："你梅大师名动四方，我哪里敢指教你。"

梅兰芳再一次向老人鞠躬，说："晚辈真心求教，希望您能悉心指点，我们一起好好弘扬中华国粹。"老人不语，梅兰芳就再次恳求。老人的态度终于缓和下来，说："既然你如此诚心，我就和你说说吧。你的虞姬舞剑其实表演得还不错，但美中不足，你舞的是男人的剑法，这和虞姬的身份不符啊！"梅兰芳一听，当即拜倒，恳请老人教他舞剑。后来，梅兰芳跟老人学习不同的舞剑方法，并应用到表演之中，使舞台上的虞姬更加出神入化。

谦逊者必受益，梅兰芳大师为了艺术，肯于放低姿态向观众求教，正是这种谦虚的态度让他的表演艺术一直不断精进，后来者难以望其项背。

谦逊不仅是一种高尚的美德，更是我们自我成长的开始。"人低为王，水低成海"，我们只有承认自己的无知，把姿态放得够低，才能看到自己的不足，看清我们和他人之间的差距，才会奋起直追，不断学习新东西，才能不断地自我成长、自我提升。

谦逊，是成功者们共有的品质。

苏格拉底，古希腊著名思想家、哲学家，也是西方哲学的奠基人。曾有人问苏格拉底，他如此博学，是不是天赋异禀。他的回答是："我并非博学，我唯一知道的是，我自己很无知。"

17世纪法国著名的哲学家、物理学家、数学家、生理学家，同时也是解析几何的创始人笛卡尔，也因为博学多才而闻名世界。但就是这样一位伟大的人物，也认为自己学得越多越无知。有人对此十分不理解，他解释说："先哲芝诺曾画过一个圆圈，圆圈里面的部分是已知的知识，外部是未知的。我们学到的知识越多，圆圈越大，圆周也就越长，圆周和未知世界的接触面也就越大，也就表明我们不知道的东西越多……"

苏格拉底的回答、笛卡尔的圆圈理论都在告诉我们：时刻保持谦逊之心的人，他们会不停地武装自己，让自己更博学、更有才华。反过来也一样，知识越多、学识越渊博、才华越出众的人也越谦虚。

现实生活中，言行谦逊的人，他们的人缘会很好，常常会赢得更多朋友。有人说，人与人相处就像坐跷跷板，如果我们经常把自己放得很低，就会把对方高高抬起来，会使我们在人际关系中赢得更多的好感和尊敬，因为很少有人会讨厌一个态度谦和、温恭的人。正如亚里士多德所说的那样："对上级谦恭是本分，对平辈谦逊是和善,对下级谦逊是高贵,对所有的人谦逊是安全。"而这便是我们成功的开始。

相反,那些总是自以为是、唯我独尊的人,则会遭到大多数人的排斥,让自己处于孤家寡人的窘境。这正像有位哲人告诫我们的那样:"如果你要得到仇人,就表现得比你的朋友优越吧;如果你要得到朋友,就要让你的朋友表现得比你优越。"

每个人都希望自己成为一个重要的人,被他人认可和关注。当我们保持谦逊,适当地把机会让给朋友,让他们表现得更优越、更重要时,他们就会更愿意和我们相处,更珍惜我们的友谊。而如果我们过分炫耀,把朋友衬托得一无是处,打击他们的荣耀和自尊心,伤害他们的感情,他们就会心生自卑,甚至会嫉恨我们、远离我们。

朋友相处是这样,在职场上也是如此,特别是在领导面前,我们尤其要把握好分寸,既要适度表现,让领导看到自己的能力,又不能过分地自矜其能,甚至让领导产生"功高盖主"的忌惮之心,否则十有八九会被猜忌,以悲剧收场。

汉宣帝时,龚遂是一位非常有能力,也非常耿直的官吏。有一个时期,渤海一带连年闹灾,百姓苦不堪言,纷纷起义造反。汉宣帝派龚遂前去赈灾平乱。

龚遂到任后想尽办法安抚百姓,鼓励农民垦田种桑。几年之后便使当地百姓安居乐业,社会稳定。

龚遂因此名声大振。汉宣帝召他还朝。入朝的前一天,龚遂的一位宾客问他:"如果天子问大人是怎么治理渤海的,大人要怎么回答?"

龚遂很直率，回答说："我就说我能严格执法，赏罚分明，唯才是用。"宾客赶紧说："不要！不要！你这样说就是在炫耀自己的功劳和能力。"龚遂请教应该如何回答。

宾客说："你可以这样说——天子的厚德感化天地，使有才能的人前来帮我，百姓也感恩于天子的爱民之心，纷纷放下武器，安居乐业。"龚遂接受了宾客的建议，使汉宣帝非常高兴，便将龚遂留在京城，照顾他年迈，委以重要又清闲的官职。

耿直率真的龚遂听从宾客的建议，将治理渤海的功劳全都归在了汉宣帝身上，掩藏了自己的锋芒，他的谦逊谨慎不但避免了"功高盖主"引祸上身的悲剧，还为自己赢得了更好的职位。

能争一口气，也要能咽一口气

人们常说"人争一口气，佛争一炷香"，意思是做人要有志气、有骨气、有不服输的勇气，要活出自己的尊严。这话说得没错。但是，我们在争气之前，应该先把心态放正，除掉戾气，不要把争气变成赌气。那些真正会争气的人往往都有一颗平常心，能够放下偏执和杂念，看清事物的本源，认清什么是值得一争的事情。

相反，有些人看似在争气，实则是在赌气，他们争的是一时之气，往往意气用事，冲动行事，不但争不来那口气，反而给自己招来祸患，就像《三国演义》中的周瑜。

读过《三国演义》的朋友，可能都会对诸葛亮三气周瑜的故事记忆犹新。

一气周瑜——《三国演义》第五十一回，诸葛亮和周瑜都想夺取南郡，双方约定，周瑜先行攻取，如果失败，刘备再攻。结果，周瑜在夺取南郡的过程中不但失利还受了重伤，虽然他顺道打败了曹兵，但也给了诸葛亮以可乘之机，使诸葛亮找到机会夺取了南郡。周瑜哑巴吃黄连有苦说不出，气得金疮迸裂，摔下了马。

二气周瑜——《三国演义》第五十五回，刘备的夫人去世后，周瑜设计让孙权假装把妹妹孙尚香嫁给刘备，然后借刘备来东吴娶亲之机杀掉他。让周瑜万万没想到的是，孙权的母亲看中了刘备，不但阻止孙权杀刘备，还真的把孙尚香嫁给了刘备。刘备不但安然无恙地回到了荆州，还带走了孙尚香。周瑜急忙带兵追赶，结果中了埋伏，惊恐万状之际，他听到刘备的士兵大声嘲讽他："周郎妙计安天下，赔了夫人又折兵。"周瑜又气又羞，旧伤再次复发。

三气周瑜——《三国演义》第五十六回，刘备从东吴那里借了荆襄九郡来壮大自己，东吴怕刘备强大后威胁自己，就三番五次催刘备归还荆州，但刘备找借口迟迟不还。气急败坏的周瑜想用计逼迫刘备归还，结果被诸葛亮识破，反而使周瑜被围困。周瑜一时急火攻心，哀叹道："既生瑜，何生亮！"旧伤再次复发，最终不治身亡。

周瑜临终前的那一声哀叹揭示了他身死的真正原因——死于争强好胜，却屡争屡败，终至被气死。

如果周瑜不是这么急功近利地想和诸葛亮一争高下，那么，他和诸葛亮最后谁输谁赢还很难定论。论谋略，周瑜和诸葛亮不分伯仲。赤壁一战，周瑜所展现出的军事才能和识人、用人的眼光绝不输于诸葛亮。

但周瑜输在了心态上。他一直在用生命和诸葛亮较劲，一心想在诸葛亮那里争到一口气，一味地要赢，最后却输得一败涂地，连身家性命都赔进去了。如果周瑜能够摆正心态，不急于争这一口气，肯花点时间静下心来好好反省、好好审视一下自己，评估一下对手，理性、客观地看待自己和对手，从失败中吸取经验教训，虚心学习，也许就是另一个结局了。

有人说，要争气，也要学会服气和退让。争气之前，先看看自己有没有可以一争的条件、争之能胜的实力、争之必胜的时机，如果有，那就不妨一争。反之，如果明知自己实力不足，根本打不赢对手还偏要打，这就是在赌气。

把争气变成赌气，为了争气而丧失理智的人，只能像周瑜那样，最终不但无法扬眉吐气，反而给自己招来祸患。

真正会争气的人，不争一时之气，而是争千秋之气。当自己的实力不如别人、无法超越别人的时候，就要咽下一口气，先虚心向别人学习，超越自己再超越对手。这样的人，终有一日会真的扬眉吐气，正如我国著名生物学家童第周那样。

童第周，我国著名生物学家、教育家、社会活动家，同时也是中国实验胚胎学奠基人、中国海洋科学研究奠基人，他开创了中国"克隆"技术的先河，有"中国克隆之父"的美誉。

童第周早年的求学之路很坎坷，但他一直抱着"要争一口气"的信念坚持着，最终出色完成了学业，并成就了伟大的事业。

童第周上中学时是一位插班生,当时的成绩全班倒数第一,校长要他退学。童第周很伤心,再三请求,校长才同意让他再试读一个学期。童第周暗暗下决心,一定要争气,发奋学习。

此后,每天天不亮,他就悄悄起床,在校园的路灯下读书。夜里,当同学们都进入梦乡时,他又跑到路灯下去读书。值班老师发现了他,叫他回寝室休息。他趁老师不注意,又溜到厕所外的路灯下继续学习。

经过半年的努力,童第周的各科成绩终于都赶上来了,数学还考了100分。老师和校长都由衷地夸赞他进步神速。但童第周并未因此松懈,他一直在告诫自己:"一定要争气。我并不比别人笨。别人能办到的事,我经过努力,一定也能办到。"

1930年,童第周在亲友的资助下前往比利时留学。当时的旧中国贫穷落后,中国留学生在国外很受歧视。童第周暗暗下决心,一定要为中国人争口气。

童第周当时师从达克教授,这位教授在做一项生物实验,需要把青蛙卵外面的一层薄膜剥掉。这种手术难度非常大,教授自己做了几年都没成功,其他同学几经尝试也都以失败告终。

童第周不声不响地刻苦钻研,反复实验,最终发现,在显微镜下用针把卵膜刺一下,卵瘪下去就能很容易地把那层薄膜剥开了。达克教授对童第周的生物学天分和刻苦精神感到欣喜万分。经过他的宣传,童第周实验成功的事甚至震动了欧洲的生物学界。

对此,童第周虽然很激动,但他还是告诉自己:"一定要争气。中国人并不比外国人笨。外国人认为很难办的事,我们中国人

经过努力，一定能办到。"

"为自己争气""为中国人争气"是童第周在求学路上和科研路上一直抱持的信念。他在实力不足的时候能够潜下心去，韬光养晦，着眼于自己的成长，刻苦读书，不断充实、历练自己，当实力足够强大，时机也足够成熟的时候，童第周一鸣惊人，扬眉吐气，让同学和老师刮目相看，这才是真正会争气的人。

智者善屈尊，愚人善强伸

孟买佛学院是印度一所十分著名的佛学院，它有着悠久的历史，培养了很多杰出的学者。而让它出名的另外一个原因是学院大门旁的一扇小门。这扇小门开在学院正门的侧边，又窄又矮，只有1.5米高，0.4米宽，一个成年人要想从这个小门通过，就必须低头、弯腰、侧身，不然就会碰壁、撞头。

很多刚刚进入佛学院的人对此都非常纳闷：这么大一所佛学院，本来有着气派壮观的正门可以让人体面舒服地进出，为什么还要开这个小门？

对此，学院的老师解释说，这扇小门是孟买佛学院给每一届新生上第一节课的地方。每一年有新生入学时，开学第一节课，老师都会引导新生们进出这个小门。虽然学院的大门可以让学生很体面、很有风度地出入，但学会低头、弯腰、侧身通过小门更能让学生们明白：很多时候，我们要暂时放下身段，放下执着之心，学会屈尊，才有机会以新的视角和感悟去审视自身和周围的环境，才有可能证悟实相。否则，我们有可能被挡在院墙之外。

据说，所有进出过这道门的人，都无一例外地受益匪浅。有的人还因此悟出了古老的东方处世哲学——人生要幸福圆满就要学会圆融，该低头时就低头。

"该低头时就低头"，这不由得让人想起我们的老祖宗留下的一句古训："智者善屈尊，愚人善强伸"，意思是，有智慧的人会审时度势，根据形势的好坏能屈能伸；愚蠢的人则自以为是，只知道一味逞强用狠，到头来让自己吃苦头、栽跟头。

现实生活中，我们很少有人会一辈子一帆风顺，总会有不同的际遇、不同的处境。顺风好行船，逆境难为生。纵览古今中外，那些成就了大事业的人们，无一不是在逆境和位卑时能伸能屈的智者。他们"在人屋檐下"时，会很快调整好心态，"适时低头"，让自己与现实环境相和谐，化不利为有利，用暂时的低头换取日后更好地抬头。

隋朝末期，百姓不堪忍受隋炀帝的暴政，纷纷揭竿而起。不少政府官员也纷纷倒戈，加入农民起义军。这让原本就疑心很重的隋炀帝更加难以信任朝中大臣。

当时的唐国公李渊曾多次被委任要职，而他本人也因为喜欢结交英雄豪杰，吸引了很多能人来归附他。为此，朋友们都担心李渊会遭到隋炀帝的猜忌。碰巧的是，隋炀帝有一天下诏让李渊去行宫晋见。但正赶上李渊生病，未能前往。这让隋炀帝非常不悦。

李渊有一位外甥女王氏是隋炀帝的妃子，隋炀帝便向她询问李渊没来朝见的原因，王氏回答说李渊生病了。隋炀帝又问："会病死吗？"

王氏听到隋炀帝语气不善，对李渊很不利，就赶紧把这消息透露给了李渊。李渊知道隋炀帝对自己起了猜忌之心。这时，有人劝他趁机起事造反，李渊思量了很久，觉得自己力量不足，时机未到，只能暂时低头隐忍，等待时机。

为了迷惑隋炀帝，李渊故意沉湎声色，还毫无顾忌地到处索贿，一时间让自己声名狼藉。隋炀帝看到之后，认为李渊没有什么企图，不会造他的反，于是放松了警惕。

李渊在自己实力不足，形势不利的时候，肯于暂时低头示弱，用手段迷惑隋炀帝，同时暗中积蓄自身的力量，最终出其不意地攻击对方，并一击而中。这正像是《六韬·发启》所说的："鸷鸟将击，卑飞敛翼；猛兽将捕，弭弭俯伏；圣人将动，必有愚色"。意思是凶狠的枭鸟在向外发动袭击时，一定会收敛翅膀在低处飞行；凶猛的野兽将要搏击猎物的时候，也会伏地帖耳；而圣人将要采取行动时，往往会显出很愚笨的样子。

低头示弱最终让李渊站在了权力的巅峰。试想，如果李渊当初没有主动低头，很可能就被疑心病很重的隋炀帝铲除掉了，哪里还会有后来的太原起兵和大唐帝国的建立？

和李渊相反，有些人把低头看作是耻辱和退缩，他们不顾环境如何，一味奉行"宁可玉碎，不为瓦全"的处世原则，只会横冲直撞、硬撑强做，从不肯低头。到最后害了别人，也断送了自己。

春秋时期，秦国灭了魏国以后，魏国的两位名士张耳和陈馀被秦国用重金悬赏捉拿。为了逃命，二人乔装改扮，改名换姓逃到陈国躲避。

有一天，两人因为一点小事惹怒了陈国的一个官吏，对方用皮鞭恶狠狠地抽打陈馀。陈馀原本性格高傲，官吏的鞭挞让他深感屈辱，他又想起自己曾在魏国那么受尊敬和重用，对比之下便怒不可遏，想奋起反击。旁边的张耳见状不妙，便用力拉着陈馀的胳膊，不让他动手。陈馀最终忍下了一口气没有吭声。

官吏走后，陈馀仍余怒未消，想要追上去报复。张耳便开导他："现在外面到处在捉拿我们，我们好不容易找到藏身之地，难道你今天要因为这一点小小的侮辱，就去送死吗？"后来，张耳投到刘邦麾下，成了汉朝的开国功臣，而陈馀最终因为轻视韩信，兵败后被斩杀。

原本能力禀赋不相上下的两个好朋友，却因为一个能忍让，一个爱逞强，导致两人的命运天差地别。

俗话说："懂得低头，才能出头。"一个心智成熟的人不会让自己撞得头破血流，也不会让自己在逆境面前孤注一掷，他们明白：即使最硬的弓拉得太满也会折断，暂时的低头不是消极避世、自暴自弃，而是隐忍，是积蓄力量等待时机，是权衡利弊后做出的智慧选择，是一种处世智慧和做人的技巧。而不分场合地强出头是打肿脸充胖子，是一种自以为是的愚笨。这种人往往会为了面子而丢了"里子"，只因不肯暂时屈尊低头最后却掉了脑袋。

"屈尊"与"强伸",成败相生。具备大智慧的人从不会逞强好胜、死要面子,他们懂得察言观色,以退为进,当时机、形势不利时,韬光养晦、示弱守拙、适当低头是一种保全,这样的人会在"屈尊"中做人、处世,在"强伸"中立志、立业。而那些愚昧的人只会事事强出头。

愿你我都有过硬的本事,更有低头的智慧。

给别人留面子,就是给自己留余地

对中国人的性格有着深刻洞察的鲁迅先生曾说过:"面子是中国精神的纲领。"林语堂也说:"在中国,脸面比任何其他世俗的财产都宝贵。"在中国的老百姓中间也流行一句俗语:"人活一张脸,树活一张皮。"可见,面子对中国人是多么重要。

爱面子,几乎是所有中国人的通病。所以,深谙处世之道的人都懂得:"打人不打脸,骂人别揭短。"一旦犯了这个忌讳,不给别人留面子,别人就可能反过来和你"撕破脸",最终两败俱伤。所以说,给别人面子,其实是在给自己留余地。

给别人留面子,有时候就是在公众场合给对方捧场、"抬轿子"。比如,嘴巴甜一点儿,恰到好处地说几句赞美的话送给对方,抬高对方的公众形象,满足对方的荣誉感和自尊心。这往往是惠而不费,还能广结善缘的处世之道。

曾国藩有一次和几位宾客聊天。无意中谈论起当时几位名动朝野的风云人物。曾国藩说:"李鸿章、彭玉麟这两位都是有大才干的人,我没法和他们比。要说我可以自夸的地方,只能是我生平不喜欢阿谀奉承。"

一个宾客听了接口说道:"您说的这两位各有所长,彭公威猛,人不敢欺;李公精明,人不能欺。"

曾国藩好奇地追问道:"那你们觉得我又是什么样的人呢?"

在场的人都觉得当着曾国藩本人的面不好评价,就陷入了沉默,场面有点尴尬。就在这个时候,坐在人群后面、负责抄写文案的一位后生不慌不忙地说道:"曾帅仁德,人不忍欺。"

众人听了,纷纷拍手叫好。曾国藩也开心地说道:"不敢当,不敢当。"

宾客们都离开后,曾国藩向当时在场的仆人打听后生的消息。仆人告诉他:"那个后生是个秀才,生于扬州,办事比较谨慎。"

曾国藩记住了这个后生并暗中考察了很长时间,发现此人不但做人做事很恭谨,而且还很有才干。于是,曾国藩升任两江总督后,便给这人派了一个肥差——出任扬州盐运使。

"人性中最为普遍的原则就是渴望他人对自己加以赞美、赏识。"这是美国心理学家威廉·詹姆斯对人性的总结。事实也多半是这样,渴望被赞美、被认可,这几乎是人性当中永远也改变不了的弱点。曾国藩当然也不例外。

虽然他以"生平不喜欢阿谀奉承"而自居,但当众宾客纷纷赞美另外两位名人,却不知如何评价他,继而陷入集体沉默时,曾国藩也感到了没面子。就在他尴尬的时候，那个后生恰好站出来，非常得体地赞美了他，便让他倍感开心。虽然他明知那个后生说的是奉承话，但他也还是抗拒不了这样的快乐。而这位后生也因为自己恰到好处的一句赞美而得到领导的关注和赏识，最终得到了一个好的职位。可见，恰当地给别人抬轿子、留面子，有时会有意想不到的收获。

给别人留面子，还表现为不揭别人的短处，不当众戳穿他人的谎言或行为，而是在必要时给对方一个台阶，让他自己反省、改过。对方可能在你的感化下，体面地收起自己的骗术，同时还会对你心存感激。

一所大学宿舍里，小伍一边哭一边说："那个英雄钢笔是我上周过20岁生日的时候，我爸送给我的。他出差在外，为了这个礼物特地跑了专卖店给我买的，为了赶上我的生日，我爸还专门用特快专递寄给我，现在却被偷了……"

听着小伍的哭诉，宿舍里的所有同学都默不作声。辅导员老师一边安慰小伍一边环视几位同学。她发现小伍邻床的小陈低着头，紧张得一边用手绞着衣角一边不断地眨眼睛。辅导员老师似乎明白了什么。她想了想对小伍，也是对所有在场的同学说："小伍别着急，有没有可能是哪位同学拿错了呢？一会儿大家都各自认真检查一下自己的学习用具，看有没有拿错的，如果拿错了，尽快还给小伍。"

没多久，小伍就发现，那崭新的英雄钢笔又回到了她的书桌上……

老师的处理方式给偷钢笔的学生留了颜面，也给她搭了一个改正错误的台阶，最终使事情得到了圆满的结果，而这位老师自己也在学生中有了更高的威信。

试想一下，如果这位老师在发现小陈有偷笔嫌疑的时候就当面问她，会怎样？结局可能是：小陈承认是自己拿的并物归原主，事情有了结果；另一种结局是小陈拒不承认，还可能为了逃避惩罚而销毁证据……无论哪一种结局，有着嫌疑人身份的小陈今后可能都会被室友们歧视、排斥，她要想继续在宿舍里住下去就很难了。而这种局面，无论是这位老师还是宿舍里的各位同学，都是不想面对的。

给别人留面子，别人会也给我们留面子，这是中国人的礼尚往来。而如果我们让别人没面子，后果可能是：小到互相翻脸、明里暗里互相伤害；大到甚至可能会闹出人命。历史上这样的例子比比皆是。

三国时期的祢衡非常有才华，有人甚至评价他"才高八斗"，但这个人有个最大的问题就是情商太低，说话口无遮拦，不顾及他人感受，特别容易让人没面子。

以爱才、惜才而闻名的曹操有心招揽祢衡为自己所用。但是祢衡却不买曹操的账，多次口出狂言，让曹操颜面扫地。

曹操很生气，决定收拾一下祢衡。他派人把祢衡找来，却故意不给他设置座位。一向狂傲的祢衡便当场发疯，当着曹操和所有大臣的面仰天大喊："天地虽阔，何无一人也！（这天地是如此宽广，却怎么就没有一个人呢！）"一句话就把当时在场的所有人都骂了。

这回不止是曹操一个人觉得没面子，所有被骂的大臣也是对祢衡恨得咬牙切齿。为了挽回一点儿尊严，曹操按捺着怒火问祢衡："我帐下有无数文武官员，都是当今的英雄，怎么说没有人呢？"

祢衡接着发疯说："公言差矣！此等人物，吾尽识之……荀攸可使看坟守墓，郭嘉可使白词念赋……张辽可使击鼓鸣金，许褚可使牧马放牛……其馀皆是衣架、肉袋耳！（你这话说得不对，这些人，我都认识：荀攸只配被安排去看坟墓，郭嘉也就会念念诗词罢了……张辽只会敲锣打鼓，许褚只配去放牛牧马……其余的人，更是酒囊饭袋！）"

祢衡的话还没说完，在场的张辽就拔出了佩刀，曹操更是恨得牙痒痒，但却不敢亲手杀祢衡。因为祢衡太有才气，名声在外，曹操怕落下不能容才的名声。最后，曹操想借刀杀人，把祢衡送给了刘表。

在刘表那里，祢衡仍然很放肆、无礼，丝毫不给刘表留一点儿颜面，刘表本来气量就小，也想杀祢衡，但也不想担恶名，于是也想借刀杀人，把祢衡打发到了江夏太守、大老粗黄祖那里。黄祖以性子急躁而闻名，他没有惯着祢衡。当祢衡有一次当众骂黄祖是"木偶""死老头"之后，黄祖便对祢衡痛下了杀手。

祢衡被杀后，乐坏了曹操和刘表……

因为不给人留面子，尤其是不给手握生杀大权的重要人物留面子，祢衡断了自己的后路。虽然身怀绝世的才华，却在英才辈出的三国时期沦为了一个打酱油的，就因为嘴欠，专职打脸别人，早早地"领了盒饭"，可惜？可恨？可叹？

第四章

责任到位，事才能做到位

少一分敷衍，就少一分无效

在一座外表看上去很气派的新房子前，一个老人靠坐在大门边上，手上拿着一串钥匙，默默地流泪，一脸的懊恼、悔恨、羞愧。

老人是一位木匠，几十年的木匠生涯中，他盖了无数牢固又精美的房子。因为手艺精湛，同行们都尊敬地称他"赛鲁班"，他的本名反而没有多少人知道了。他的雇主对他也非常好，给了他优厚的待遇。

随着年龄的增长，赛鲁班渐渐老了，起了归乡的心思。有一天，他终于下决心向雇主提出要退休回老家。雇主有点儿舍不得，就请求他再建最后一座房子。

赛鲁班只好答应下来。但此时的他心不在焉，干活的时候，用料不再精挑细选，工艺也不再精益求精，还时不时偷懒磨洋工。

最后，他用了比平时还多一半的时间终于把房子建好了。交工的那一天，他潦草地检查了一下所有的房间，便拿着房屋钥匙交给雇主，说道："最后这座房子盖好了，我可以回家了吗？"

雇主看了看赛鲁班，笑眯眯地又把那串钥匙交还到他手上，郑重地对赛鲁班说："我们合作了一辈子，你以前帮我赚了不少钱，为了报答你，最后这座房子是我送给你的。希望你能喜欢。"

听到雇主这样说，赛鲁班一下子惊呆了，但随即他又后悔又羞愧。想到自己在建这座房子时的敷衍和潦草，恨不能找个地缝钻进去。

雇主离开后，赛鲁班望着他亲手建造的这座有很多内部隐患的房子，颓丧地坐在门前哭了起来。

老木匠兢兢业业一辈子，却在最后的工作中敷衍了事，不但辜负了一向优厚待他的老板，还让自己亲尝了恶果，追悔莫及。

现实生活中，做事敷衍的人还真是比比皆是。这种人在做事的过程中马马虎虎、应付了事，最终呈现的结果也是漏洞百出。和这种人一起共事，同事们往往会因为他的敷衍，造成工作没有成效而被殃及。和这样的人一起生活，家人们也会因为他的敷衍而使生活中意外频发，令人沮丧。

这种在工作和生活中处处敷衍的人也被看作是不靠谱的人，什么事情交给他办都很难让人放心。长此以往，这种人不但会失去大家的信任，也会使自己的生命充斥种种缺憾和悔恨。

不敷衍，就是要认真做事，全力以赴，养成精益求精的习惯。认真做事、精益求精的人心中往往会有这样一种信念："一件事，要么不做，要么做好。"所以，他们每完成一项重要任务，都会认真地自我反思：这件事还有更好的结果吗？如果要再优化一下做事的过程，我应该怎么做……日积月累中，这种认真做事、精益求精的态度就会变成一种良好的习惯，进而成为一种优秀的品质。

认真做事、精益求精的人总是能给出近乎完美的结果，而无数个完美的结果累积起来，就会成就一个人成功的事业和美好的人生。

不敷衍，就是认真对待每一个细节。有些"聪明人"总喜欢在"大事"上花心思，认为那些微不足道、细枝末节的小事不必太较真儿，应该把精力和时间花在"有价值"、看得见的地方。事实上，"魔鬼"就在细节中。如果我们不认真对待细节，敷衍一些看似微小的事情，就有可能造成无法挽回的巨大灾难或损失。

在欧洲，曾一度流传着一首有趣的民谣：缺了一颗铁钉，掉了一只马掌，拐了一条马腿，摔了一位国王，败了一场战役，亡了一个国家……

这首民谣说的是欧洲战争史上，一个关于"一颗铁钉葬送了一个国家"的故事。

公元1485年，英国金雀花王朝的国王查理三世亲率大军和敌军决一死战。

战争开始的时候，对阵双方旗鼓相当，打得不可开交。查理三世为了鼓舞士气，扭转僵持不下的战局，冲到了最前线，英军士气一下高涨起来。

就在激战到最关键的时刻，查理三世的战马突然摔倒，他本人也被甩到地上，很快被敌军抓住，英军因此失去主帅，兵败如山倒。这场战争过后，英国金雀花王朝也就此瓦解。

当人们最后总结失败教训的时候发现：原来，在上战场之前，因为时间急迫，理查三世的马蹄铁上少钉了一颗钉子，激战的时候，马钉脱落，导致了最终的悲剧。

后世的人们记住了这个故事，并把它称为"马钉效应"，以此强调细节的重要性——那些看似微不足道的小事最终可能对大局产生影响，从而告诫人们：不要忽略细节，如果我们在小事上敷衍，就有可能在大事上遭殃。

事事精细成就百事，时时精细成就一生。细节，可以葬送英国金雀花王朝，也能成就王永庆的商业帝国。台湾著名企业家、有着"经营之神"美誉的王永庆正是在细节处做足功夫，成就了自己的企业集团。

王永庆年少时家里非常贫困，虽然他十分聪颖好学，却因为读不起书，只好为了生计去做买卖。

初入社会的王永庆只有十六岁，身无长物的他开始了自己的第一个生意——卖米。

当时，米店生意竞争很激烈，在王永庆所在的地方已经有三十多家米店同时在开门揖客。而王永庆因为启动资金少，米店的铺面只能开在位置偏僻、租金低廉的小巷子里，店面又小又破，几乎毫无竞争优势。

所以，米店刚刚开张的时候，生意十分冷清。头脑灵活、做事认真的王永庆开始琢磨让米店站稳脚跟的方法。在他看来，既然自家米店的位置和规模比不上同行，那就提供一些别处没有的服务吧，也许这样能吸引来客户呢。经过几天的认真思考，王永庆终于找到了一个方法。

细心的他注意到：稻谷收割后，因为没有专门的晾晒场地，大家就只能把米放在马路上晾晒，这样一来，马路上的小石子、小土块等杂物就会掺入米里。客人买米回家，在蒸饭之前得一遍又一遍地把米中的石子、土块挑拣出去，费时又费力。如果赶上给一大家子人煮饭，挑米这道工序就会让一些家庭主妇苦不堪言。

因为所有米店都是这样晒米、卖米的，买卖双方都习惯成自然了，也没觉得米里有石子、土块有什么不妥。

但王永庆经过细心观察和认真思考觉察到了这一点，并认为这是个可以吸引顾客的突破口。于是，王永庆便发动全家人，不辞辛苦，不怕麻烦，一点一点把掺在米中的石子、土块挑出来，然后再把米拿到铺面里去售卖。

功夫不负有心人，王永庆的努力渐渐有了回报，越来越多的客户发现"王永庆家的米比别家的都干净，买回家里不用再挑石子，洗洗就可以直接下锅"，一传十、十传百，王永庆的米店从一开始一天卖不到12斗，到后来一天能卖100多斗。很多顾客甚至慕名从很远的地方赶过来买他家的米。就这样，王永庆为自己赚到了第一桶金，为他后来建立自己的商业帝国打响了第一炮。

"天下大事，必作于细。"这是老子在几千年前就告诫过我们的。要想成功，我们就不能忽视那些看似无足轻重的小事，更不能在细节上敷衍了事。因为细节决定成败，认真不一定成功，但敷衍一定会失败。

在其位，谋其政，任其职，尽其责

"在其位，谋其政，任其职，尽其责。"这句话从字面上来理解，可以解读为：每一个处在特定位子上的人，都要谋划那个位子上的事情；每一个担任一定职务的人，也都要尽到那个职务的责任。概括为一句话就是：要尽职尽责做好本职工作。这也是很多成功人士自我实现的不二法门。

美国著名心理学博士艾尔森曾经对全球范围内从事各种行业的100名成功人士做过一项问卷调查，结果显示：在这100人中，有61位成功人士坦言，引领他们走上人生巅峰的真正秘诀就是"在其位，谋其政，任其职，尽其责"，也就是对重要的事情保有高度的责任感，并全力以赴地去做那些应该做的事情。

心学创立者、明代大思想家王阳明终其一生都在亲身践行着"在其位，谋其政，任其职，尽其责"这句话。身为明朝官员，对下，他不辞劳苦，尽心尽力为老百姓谋福利、办实事；对上，他对皇帝忠心耿耿，鞠躬尽瘁。

在明武宗正德初年，宦官刘瑾权倾朝野，朝廷上下甚至到了谈刘瑾而人人色变的程度，少数几位忠诚耿直、位高权重的大臣上书弹劾刘瑾，都遭到了严酷的迫害。此时的王阳明任兵部主事，在当时只是一个正六品小官，但是面对朝堂上万马齐喑的可悲形势，王阳明没有被吓倒，反而更坚定了自己的使命和责任，他踏着之前上书弹劾者的鲜血，冒死向皇帝上了一道《乞宥言官去权奸以章圣德疏》。

奏折中，王阳明绵里藏针地指陈刘瑾玩弄权术、祸乱朝纲、陷害忠良的种种罪行，被后人称为天下奇文。

因为刘瑾的阻挠，王阳明的弹劾也失败了，并给他带来了杀身之祸。此后的王阳明被贬到江南的瘴疠之地——龙场。而且，在去往龙场的路上，刘瑾还多次派人暗杀王阳明。

历经种种艰危，越发显示出王阳明身上的那种"在其位，谋其政，任其职，尽其责"的担当精神。在他眼中，朝廷有宦官当道，当政者被迷惑，忠臣良将被迫害，天下百姓变成刀俎，这一切都是他不能容忍的，他要尽自己的本分和职责，即便这样做会招来杀身之祸，他也要挺身而出。这就是王阳明为官的责任和良知，他也因为这一壮举为自己的人生添上了浓墨重彩的一笔。

"在其位，谋其政，任其职，尽其责"也可以引申为"不在其位，勿谋其政，不任其职，勿尽其责"，意思是：当我们不在其位、不任其职、没有承担相应的责任时，就不要越界到别人那里，帮人家谋政，替人家负责，去指点别人要怎样做，否则就是边界不清，也是对别人的一种侵犯。

对此，民间还有种更风趣的说法：自己的汤圆都没吹冷，还去吹别人的饺子，意思是自己的事没干好，不要对别人指手画脚。这正如《中庸》中所说："君子素其位而行，不愿乎其外"，意思是：君子安于当下所在的位置，去做应该做的事，不生非分之想。

"不在其位，勿谋其政，不任其职，勿尽其责"也告诫我们：对别人的职责和专业要心存敬畏，葆有尊重。我们不在那个职位、不曾修过那个专业，就无法窥见其中的堂奥，很多问题就只能看到表面一点点，这就导致我们的观点、看法和身处其位、有专业加持的人是不一样的，甚至是完全相左的。

这种情况下，我们针对人家的工作说出来的话可能是张口千言、离题万里，甚至是狗屁不通。所以，我们就不应该对人家的工作或是专业指手画脚、大放厥词，那样不但会招致内行人的反感，给人家的工作带来影响和干扰，还会显示出我们自己的浅薄、轻率。

诞生于20世纪初的"现代管理学之父"德鲁克还曾对此特别提出劝诫："高层管理人员最好明智地提醒自己，对于不是由自己主要负责的事务，不要公开地发表意见。"

遵循"在其位，谋其政，任其职，尽其责"的行事准则，还有一个前提，就是首先要认清自己的角色，弄清自己"在什么位""任什么职"，扮演什么角色。

只有明确了自己的职位和角色，我们才能根据职位和角色的要求，履行义务、承担责任。比如，在父母面前，我们承担的是儿女的角色，这一角色要求我们要给父母足够的尊敬，对上了年纪的父母，我们要尽到照顾他们健康和生活的责任；在儿女面前，我们承担的是父母的角色，这一角色要求我们要尽心地养育孩子，保证他们身心健康，接受良好的学校教育、社会规范教育。在领导面前，我们是员工，要按领导和团队的要求做好本职工作；在下属面前，我们又成了团队领头羊，我们的职责又变成了调动员工的积极性、发掘员工的能力，完成整个团队的任务……

　　不同的角色要求我们要做不同的事情、尽不同的责任。如果我们没有认清自己的角色，做起事来就会很盲目，很难达到所在职位和角色的要求，甚至会闹出笑话。

　　尤其是在工作中，我们的职位和角色明显会和我们要承担的某项职能、要完成的某个任务密切联系着。我们在团队中扮演什么角色，决定了我们在团队中发挥什么样的功能和作用。

　　比如，团队中，如果我们是一个专业技术人员，那我们就要鼓足干劲，尽全力不断提高自己的专业技术，至少要让自己成为该领域中比较专业的人士。这样，我们就是在尽职尽责，符合团队对我们角色的期待，我们也能很好地融入团队，并获得更多的成长机会。相反，如果我们认不清自己的角色，身为一个专业技术人员，但却总是对公司的规章制度、战略计划指手画脚，就会让同事们觉得莫名其妙，我们也将很难融入团队。

　　对于每一个步入社会的人来说，"在其位，谋其政，任其职，尽其责"都是一种很好的自处之道，它可以帮我们进行自我约束。手握权力的人，明白了"在其位，谋其政，任其职，尽其责"的道理，就会懂得把"位子"当作责任而不是视为权力，这样就会减少以权谋私，而是想着如何好好承担起肩上的这副担子。

作为普通员工，明白了"在其位，谋其政，任其职，尽其责"，就会让尽职尽责成为自己的优秀品质。不论做什么，先全力以赴把该做的做好，最大限度地发挥自己的聪明才智，为团队做出自己的贡献，同时也能实现自我价值。

一流的执行，仍需一流的把关

很多企业或组织往往有着一流的创意和点子，但当这些创意和点子被执行完成后，最终交付的结果却和当初预想的大相径庭。问题出在哪里？

经验丰富的管理大师给出的答案是：执行力的好坏决定了一个企业或组织最终的成果。如果没有高效的执行力，任何创意到最后都将大打折扣，企业或组织也将会失去最重要的核心竞争力。

对此，美国企业家保罗·托马斯和企业管理学家大卫·伯恩给出了一个更为生动的说法："满街的咖啡店，唯有星巴克一枝独秀；同样是做PC（Personal Computer个人计算机），唯有戴尔独占鳌头；都是做超市，唯有沃尔玛雄居零售业榜首……造成这些不同的原因，则是各个企业的执行力存在差异。那些在激烈竞争中能够最终胜出的企业无疑都是具有很强执行力的。"

执行力如此重要，甚至关乎企业或组织的生死存亡，那么，执行力又是由什么决定的呢？

答案是：监督和把关。一流的执行力需要有一流的把关做保障。

如果企业或组织的管理者缺乏对执行力的把控，在监管上虎头蛇尾，不能持续地监督每个环节的执行情况，那么就会导致企业或组织在操作流程上无法始终保持高效的执行力。此外，如果最初制订的方案缺少操作性和可执行性，就需要在执行过程中不断修正，而这需要管理者在监督的过程中去发现、去修正，否则可能会导致方案中途搁浅，让金点子、好创意夭折。

所以，很多时候，企业或组织在运行过程中，即便有了一流的执行力，也不一定会得到一流的成果。因为没有一流的把关和监督，成果最后还是会打折扣。

某学校的管理中明确规定：班主任老师在工作日期间不得擅自离岗，违者将受到严肃处罚。这一规章每次开职工大会的时候，学校领导都会三令五申，但却只是一纸空文，并未被严格地执行。

不少班主任老师在上完课后就会开小差，临时委托同事帮忙照顾一下班级，自己溜出校门逛街购物、办私事。学校领导一直也是睁一只眼闭一只眼，从来没有较真地执行处罚条例。久而久之，老师们都习以为常。直到有一天，发生了一起可怕的事件，严重地损害了学校的声誉，校领导才意识到监管的重要性。

有一天，同一办公室的两位老师相约出去办事，把两个班级的学生委托给另一位年轻老师临时看管。结果，两位老师出去没多久，两个班级的学生在大课间活动的时候起了冲突，三四十个同学在校园里互殴，还打伤了四五个同学。那位临时负责照看学生的年轻老师因为缺乏经验，最开始被吓得束手无策，经过学生提醒才想到要找领导。最终，还是校长和教导主任等好几位校领导赶过来才算平息了风波。但是，事情很快就被家长传到了社会上，当时正好赶上学校的招生季，招生效果明显因为这件事受到了不小影响。

后来，学校对两位擅自离岗的教师进行了批评和处罚。为了进一步监督教师的离岗问题，学校还更新了门禁，要求学校全体员工输入指纹后才能出入校门。此后，学校再也没有教师私自离岗。

从这个案例中我们看到：学校最初对教师擅自离岗的行为虽然明文规定要进行处罚，但却没有跟进有效的监督，导致这一规定形同虚设，没有人去执行，教师擅自离岗习以为常，最终给学校造成了严重的负面影响，损害了学校的声誉。

学校执行管理制度尚且需要严格的把关和监管，企业经营就更是如此。要想使企业的每一支团队和每一个员工都能保持高效的执行力，就需要强有力的监督和把控，保障每一个环节都能做到圆满，每个环节都有一流的执行力，才能保证最终执行到位。否则，多个环节之后，执行力就可能会大打折扣，使整个工作出现严重的问题。

这正如一位管理专家所说："从你手中溜走1%的不合格，到了用户手中就会变成100%的不合格。"所以，一流的把关决定一流的执行，二者合一才能使企业走得更远。

那么，一流的把关要做些什么呢？

我国一位著名企业管理培训专家在多年的实践中发现，那些效益良好、基业长青的企业或组织在监督管理过程中，都抱持着这样一种信条——"almost right is wrong"，翻译过来就是"差不多就是错"，意思是要想让执行到位，管理者在把关的时候就不能容忍丝毫的差错或偏差，一定要把"差不多""还可以""大概"之类的想法屏蔽在企业或组织的监督把控之外。正是在这种管理理念的驱使下，很多企业或组织都非常具有竞争力和可持续性。

一流的把关，一定要让执行达到"做好了"的程度，而不是仅仅停留在"做完了"的层面。"做好了"与"做完了"虽然仅有一字之差，但这两种执行的结果却有着本质的区别。"做完了"，是表面功夫，只是走过场，这样的执行是应付差事，是敷衍，是滥竽充数；"做好了"则意味着员工在执行过程中，以结果为导向，最终也会交付令人满意的产品或是服务。

所以，一流的把关也要以结果为导向，这是执行力强弱的关键，到位的执行力一定会呈现好的品质和结果。应付差事般的执行，大概率会没有结果或是结果很差，虽然这些员工在执行的过程中也在付出，在努力，在忙碌，但却没有任何效率，这样的执行对企业来说也没有任何意义。

企业的执行力需要一流的把关来保障，我们个人的工作成果、办事成效其实也有一个把关的问题——自我监督和自我把控。

在做一件重要的事情或工作时，为保证最终得到好的结果，我们不但应该在最初制订好实施计划，也要在执行的过程中不断复盘每一步的行动和想法，并进行反思，进而不断修正我们的行动和想法，确保在执行过程中不会偏航。

总之，一流的把关就是要把一流的执行力强化并贯彻到每一个环节，引导各个环节的执行人以结果为导向，本着责任心做好每一步，监管者本身也要有高度的责任心，对执行中的每一个环节进行认真检查、仔细确认，以确保执行到位。

⚎ 错就是错，不为自己找借口

俗话说："智者千虑，必有一失"。意思是即便再聪明的人，虽然经过反复思考，也总有考虑不周，出现失误的时候。这句话是劝勉世人要正确对待错误和犯错误的人，不要过于苛责。

永远不犯错的人是不存在的，有些人看似没犯过错误，其实只不过是他们不肯承认错误、永远在遮盖错误罢了。在这些人眼中，承认错误，就等于向外界公布自己的软弱、无能，会让他们丢面子。所以，承认错误并不是一件容易的事情，只有人格成熟的人才会勇于承认错误，并改正错误。很多时候，错误恰恰可以提醒我们重新审视自己的想法和行动并做出调整，进而找到正确的路径，获得成功。越是睿智的人越能在错误中得到成长。

华为总裁任正非有一次在公司的内部讲话中提到："错误率是业务运行的必然，零差错是理想，不是现实。我们要敬畏错误，发现错误时，要及时反思、努力改进，避免下次犯错。不能害怕错误、回避错误、掩盖错误。错误的过程要在系统中记录，记录不是为了惩处，而是为了改进。"

一位研究华为内部管理的学者曾在自己的文章中这样分析华为：华为是一个以高技术为起点的高科技企业，其所在的行业，国际竞争十分残酷，淘汰率极高。但华为三十多年来不但没有在竞争中被淘汰下来，反而一直在走上坡路，其关键一点就在于华为在企业运营中有一个不断自我迭代的思维，自我迭代也就是自我优化、自我演进。

做到这一点的关键在于华为允许员工犯错。任正非本人就曾旗帜鲜明地谈到过这样的观点：作为高科技企业，研究创新本身就存在高风险，我们要允许员工犯错，不做事的人才不会犯错。在基础研究方面，华为甚至允许研究团队的容错因子在0.5，也就是说，华为的产品研究成功率不超过50%，每年总有几十亿美元为员工的错误买单。

在干部管理和任用上，华为也曾明确表示：我们需要的是李云龙这样的干部，他虽然经常犯错误，经常被降级，但这说明他敢作敢为，不唯命是从，不明哲保身。不敢犯错误就是不敢承担责任。那些一点错误都没有的干部往往就是那些在公司混日子的干部，他们会混到股票分红，混到无功无过的退休。这样的人是最自私的。

虽然华为的容错机制让企业每年都损失了不少的人力、物力、财力，还有可贵的时间成本，但是华为也因此培养了一大批高级管理人员和行业领先的技术人员，这些人是华为更宝贵的财富，关键时刻可以为企业独当一面。

反观那些犯了错误不承认，有了问题不解决，反而先想着怎么遮掩的人，不但没有掩盖住错误，反而造成了巨大的灾难。

1967年4月23日凌晨3点35分，前苏联宇航员弗拉迪米尔·科马洛夫怀着复杂的心情坐进了"联盟1号"宇宙飞船驶向太空。只有他的朋友加加林知道，此时的他是多么的绝望和恐惧。

升空没多久，"联盟1号"宇宙飞船便故障频发，首先是天线无法正常打开，然后是供电系统出现故障、定位导航系统"罢工"……

绝望之中，科马洛夫希望手动控制这艘飞船，将它带回地面。就在飞船返回大气层时，科马洛夫再次发现，飞船的主降落伞打不开！备用降落伞和小降落伞也打不开！

就这样，"联盟1号"以自由落体的速度撞向了地面，巨大的撞击力使现场瞬间沦为火海……

一名优秀的宇航员以生命为代价，向人们揭示了残酷的幕后真相：飞船在升空前就被查出有203处结构性问题，但它仍被强制升空！

即便是外行人都知道，对于载人宇宙飞船来说，即使是一个微小的结构性问题都将产生致命的后果。然而，当时的前苏联急于向美国证明自己的太空实力，选择无视这些问题。

据称，当时的另外一位宇航员加加林为了挽救挚友科马洛夫，顶着巨大压力写了一份长达十页的问题报告，详细列举了"联盟1号"的203处结构性问题，也阐释了冒险升空的严重后果，然而这份报告最终被前苏联当局忽略了。

而且，在"联盟1号"升空之前，前苏联当局试验的三艘无人联盟号飞船也都因为问题百出而以失败告终。但是，面对这些问题，前苏联当局都选择视而不见，一心为了要赢过美国而强制"联盟1号"如期升空。

而明知此次升空将会让自己有去无回的宇航员科马洛夫却无法拒绝这个任务，因为如果他不去，他的挚友加加林将不得不顶替他坐进飞船……

"联盟1号"的悲剧是前苏联掩盖失误、拒不解决问题造成的，犯了错误却要狡辩、遮掩，只能是欲盖弥彰。其后果就是，不但使前苏联在和美国的竞赛中败下阵来，还直接导致了一位无比优秀的宇航员的离世。

犯错在所难免，只有先承认错误，我们才有机会正视错误，进而反省错误、找到正确的方法优化我们的行动和想法，从而走上正确的轨道。

勇于承认错误，不找任何借口，不但不会被视为软弱和无能，反而是一种勇敢、大度的表现，不但能得到别人的谅解和信任，甚至还会给人留下诚实、高尚和谦卑的良好印象。

美国第16任总统林肯，因为其伟大的功绩获得了美国民众的普遍敬仰，而他的完美人格更是被许多人口耳相传。而这，则得益于他能及时反省自己的问题并痛改前非。

年轻时的林肯总喜欢挑剔别人的不足之处，并写信嘲弄。这让他一度人缘很差。但他却认为，这恰恰证明自己不肯和那些人同流合污。

有一年，林肯在报纸出言讥讽一位政治家杰姆士·休斯，这个人好勇斗狠，林肯的言辞让这位政治家十分恼怒，坚决要和林肯决斗。这大大出乎林肯的意料，他十分不想和对方诉诸武力，但却又没办法回绝。好在有一位调解人帮忙平息了这场决斗。

这件事过后，林肯开始反省自己的问题，他意识到：每个人都有不足之处，我这样自命清高地抨击别人，不但无法帮助对方改正缺点，反而只会让自己多一个敌人。这是很愚蠢的。

后来，林肯还明确地说："斥责、批评甚至是诽谤别人，即使最愚蠢的人也会做。而一个成功的人往往是能够克己的人。"

从那以后，林肯便彻底改变了言辞刻薄、挑剔别人的处世方法，慢慢涵养出宽厚、慈悲的品格和博大的胸襟，并因此获得了无数人的爱戴。

第五章

把事做到极致，拿到最佳结果

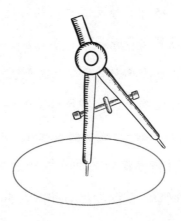

见微知著，是做事成功的关键

"智者，知也，独见前闻，不惑于事，见微者也。"这是东汉时期著名史学家、文学家班固在《白虎通·性情》中的一段话，意思是：聪明人往往是善于觉察的人，他们对事情有独到的见解，善于从微小的事物中预判出即将发生的事情或是未来的发展趋势，他们很少会被假象所迷惑。总结成一句话就是：聪明人有见微知著、不惑于事的能力和智慧。

见微知著是一种敏锐的洞察力，具备这种能力的人很有眼光，他们往往能从细微中预见全局，把握宇宙运行的规律，进而先人一步，抢占最佳时机，做出相应的改变，成就大事。

1974年，《电子学》杂志公布了英特尔公司推出8080芯片的消息，报道称这款新开发的芯片虽然和之前的8008芯片体积一样大，但整体性能却要比8008强10倍不止。

当时已然开始创业的比尔·盖茨和合伙人保罗·艾伦听到这个消息后顿时兴奋不已。他们认为，这款芯片的推出将会使微型芯片的市场越来越大，这样一来，个人电脑会随之迅速发展，那些笨重又巨大的计算机芯片肯定会被各种功能的软件取而代之。在未来，各类软件程序将有无限商机。

两人随后开始着手编写计算机的指令程序，第二年，也就是1975年，微软诞生，开启了软件行业的元纪年，比尔·盖茨也由此踏上了晋身世界首富的康庄大道。

从一条毫不起眼的行业新闻中挖掘出一个巨大的商机，然后迅速行动，用短短十几年时间就打造了一个史无前例的软件帝国，这一切都离不开比尔·盖茨见微知著的洞见力。

《老子》有言："见小曰明。"意思是从细微处观察事物，并以发展的眼光和事物普遍联系的思维方式去看待世间万物，就可以成为料事如神的先知先觉者。比尔·盖茨就是这种料事如神的先知先觉者，所以他不但能掌控自己的命运，还能书写一个前无古人的商业神话。

善于见微知著的人也会通过发现微小的不足而及时采取措施，避免酿成更大的祸患。

商朝最后一位君主帝辛，也就是后来的商纣王，在年少时是一个文武双全、很有志向的人。他继位之后努力发展生产、锐意改革、励精图治。特别是在征服东夷之后，商朝的疆土得以扩充，农业更加发达，商朝的财富和百姓家中的粮食都很充裕。整个国家呈现一派欣欣向荣的景象。

直到有一天，当大臣箕子向帝辛汇报工作时，帝辛借机向大家炫耀他的一双象牙筷子，那是他命工匠特意为自己做的，十分精美。许多大臣都赞不绝口。只有箕子感到大事不妙，不但没有赞美筷子，还诚恳地劝谏帝辛把筷子收起来，不要再用了。许多不明就里的大臣很疑惑，觉得箕子小题大做，居然因为一双筷子而过分担忧。

箕子却说，用上了象牙筷子的君主很快就不会再满足于使用粗陶的碗吃饭，会改用"犀玉之杯"，而一旦有了象牙筷子、犀牛角和美玉做成的杯碗，君主还会安于吃粗茶淡饭吗？不！从此，君王就会吃山珍海味，穿"锦衣九重"，住在建有高阔殿宇楼台的宫殿里……要是到了这种地步，腐败享乐之风将一发不可收拾，整个天下也满足不了君王的穷奢极欲了。

帝辛没有听从箕子的建议，继续我行我素。仅仅五年之后，帝辛便开始大兴土木，建酒池肉林，沉溺于酒色，穷奢极欲、暴虐无道，最后身死国灭。

而箕子因为看到劝谏帝辛无果，只好先保全自身，用装疯卖傻躲过了劫难，掌控了自己的命运。

箕子从一双象牙筷子窥见到了帝辛的贪欲，进而预见到国家必亡的未来，思想家韩非子把箕子的这种出色的预判能力说成是"圣人见微以知萌，见端以知末"。

不少组织或团队的优秀领导者在筛选和录用人才的时候，也往往从细微处入手，来决定一个人的去留。因为他们知道，在企业运营中，日常做得最多的还是些细节性的小事，员工在日常工作中暴露出来的细节问题也最能体现他们的能力和素质，这就是所谓的"见微知著，因小见大"。

　　法国银行大王恰科年轻时就梦想成为一名银行家。大学毕业后，他鼓起勇气来到巴黎一家很有名气的银行应聘，但很快就被拒绝了。之后，他先后又去了几家银行求职，仍然吃了闭门羹。

　　几个月之后，有点儿走投无路的恰科决定再去一次最开始应聘的那家银行。这一次，他很幸运地见到了银行董事长，但因为他缺乏经验，董事长仍然没有录用他。

　　走出董事长办公室时，恰科失望至极。当他心灰意冷地走出银行大门的时候，突然发现不远处有个东西在闪闪发光，走近一看，是一枚尖角向上的大头针。善良的恰科心想：要是有人路过的时候被扎到就不好了，于是他毫不犹豫地弯腰捡起了那枚大头针，并找到门口保安，在他的帮助下，恰科把那枚大头针固定在了木头桌子上，防止它伤人。

　　此后没多久，恰科意外地收到了这家银行发来的录取函，他有点儿不相信自己的眼睛。

　　原来，恰科应聘那天在银行门口拾起大头针的一幕被董事长看在眼里。董事长认为，恰科的精细认真和谨慎正好是一个银行职员应该具备的基本素质。于是，先前并不看好恰科的董事长很快改变了想法，决定录用他。

　　这位董事长看得没错，后来，正是因为恰科在工作中十分认真负责、敬业，最终使银行得到了快速发展，恰科自己也成了法国的"银行大王"。

　　英明的董事长从拾起一枚大头针的细节中判断出恰科具有精

细、谨慎的性格特质，认为只要假以机会和时日，恰科将会成为一个很好的银行职员，于是决定破例录用恰科，由此发掘和培养了一位"银行大王"。

一叶落知天下秋，草摇叶响知鹿过，松风一起知虎来……真正聪明的人，往往对环境有着很高的敏感度，他们养成了细心观察外部世界，并善于通过分析微小的变化来推演出事物发展趋势的习惯和能力，他们借由这种能力可以通达事实、预判风险，助推好的事情，遏制坏的事情，对事物有着更强的掌控力，将命运牢牢掌握在自己手中。

永远不做"差不多先生"

"你的那个任务完成得怎么样了？""差不多了。"

"最近的学习进度推进得顺利吗？""差不多吧。"

现实生活或是工作中，我们经常会遇到这样一类人，他们把"差不多""还行吧""还可以"当成口头禅，凡事不求最好，只求无过，"差不多"就行。

但实际上，他们口中的每一个"差不多"累积起来，可能就会成为"差很多"。更糟糕的是，如果这种凡事"差不多"的思维方式变成了一种习惯，就意味着这个人正在慢慢丧失追求卓越的能力，变得安于现状，不求上进。

这种人面对工作时，奉行"只要做完就行，管它结果好坏"；面对生活时，奉行"只要过得去就行，怎么都是一辈子"……如果我们每个人都像这种人一样，永远抱着"差不多"的态度面对一切，那么，生活最终回馈给我们的也将是"差不多"。所以，凡事都用"差不多"来敷衍的人，最终坑害的从来不是别人而是自己。

对于"差不多"，胡适先生还曾写过一篇非常有趣的文章——《差不多先生》：

他小的时候，他妈叫他去买红糖，他买了白糖回来。他妈骂他，他摇摇头说："红糖白糖不是差不多吗？"

他在学堂的时候，先生问他："直隶省的西边是哪一省？"他说是陕西。先生说："错了。是山西，不是陕西。"他说："陕西同山西，不是差不多吗？"

后来他在一个钱铺里做伙计，他也会写，也会算，只是总不会精细。十字常常写成千字，千字常常写成十字。掌柜的生气了，常常骂他。他只是笑嘻嘻地赔小心道："千字比十字只多一小撇，不是差不多吗？"……

有一天，他忽然得了急病，赶快叫家人去请东街的汪医生。那家人急急忙忙地跑去，一时寻不着东街的汪大夫，却把西街牛医王大夫请来了。差不多先生病在床上，知道寻错了人；但病急了，身上痛苦，心里焦急，等不得了，心里想道："好在王大夫同汪大夫也差不多，让他试试看罢。"于是这位牛医王大夫走近床前，用医牛的法子给差不多先生治病。不上一点钟，差不多先生就一命呜呼了……

"差不多先生"凡事差不多，最终毁了自己一生。虽然这个寓言故事看上去很夸张，但其中揭示的真相却不容忽视。我们从中不难看出，"差不多先生"的精神本质其实是缺乏责任心。他对所有的事情都不求甚解、得过且过，不求最好，只求过得去。

在工作当中，无论是领导还是同事，都最怕遇到这种"差不多先生"。交办给他们一项工作任务，催问进度的时候，他们会说"差不多快了"，问起质量的时候，他们会说"差不多可以"。结果，到最后交付成果的时候却往往"掉链子"，连补救都来不及。

生活中，"差不多先生"的口头禅除了"差不多"，往往还有另外一个——"差一点儿"。比如，高考时"差一点儿"就上211了；"差一点儿"就抓住那个机会，实现人生飞跃了……"差不多先生"根本不明白，他的这些"差一点儿"背后，其实是无数个"差不多"的敷衍。这个世界上，最悲哀的一句话莫过于"我差一点儿就可以"。人生最大的遗憾，也不是"我失败了"，而是"我本来可以，但却……"

要想人生不留遗憾，减少"差一点儿"的概率，我们就要摒弃凡事"差不多"的态度，拒绝做"差不多先生"，而以"工匠精神"为毕生追求，对于值得去做的事、值得善待的人就要舍得付出、全力以赴，给出最好的结果。

工匠精神不但是一种优秀的品质，更是一种出色的能力。有着工匠精神的人，他们的所有行动往往都由自我驱动，他们深深懂得：一个人做事不是为了别人，而是为了自己。高质量地完成任务，不仅是对工作负责，更是对自我成长负责。

这一点恰恰和"差不多先生"完全相反。"差不多先生"往往都是靠指令驱动，上级给一个指令，"差不多先生"便做一个动作。注意！是只"做"一个动作，至于做得好不好，到不到位，不在"差不多先生"的考虑之内。从这个意义上来说，"差不多先生"和牵线木偶差不多，别人"指一指"，他便"转一转"。最后，他虽然也把事情做完了，但对他所在的团队来说却没什么成效，对"差不多先生"个人来说也没有什么成就感。

有着工匠精神的人，首先会对自己的选择和决策负责。在决定全力以赴为一个目标而努力之前，他们会先行判断：这件事情值得我尽百分百的努力吗？交付结果时，我的哪些能力会得到提高？做好这件事，我会积累什么样的经验教训？……

一旦决定了要做，他们就会拿出尽善尽美的态度，怀着巨大的热情和敬畏之心，永远以结果为导向，不断优化方案，不断寻求突破和革新。他们交付的结果往往也是最好的。

2016年，格力为了顺应物联技术的发展，推出了格力手机2代，虽然这款手机的市场销量很惨淡，但它在研发过程中所体现出的"工匠精神"却成为格力又一笔巨大的精神财富。

为了保证这款手机的品质，格力手机2代的研究团队不计成本，放弃代理加工模式，坚持自主研发，甚至自建生产线，自主开发手机模具，而手机的外形设计、软硬件开发，更是全部由格力自己主导。

研发过程中，公司十分看重细节的把控。格力手机2代是一款大屏手机，如何解决大屏易碎的问题成了一个攻坚课题。对此，研发团队在多处工艺上不断进行优化。经过上千次的测试和修正，他们终于找到了一个近乎完美的解决方案——让手机屏幕和手机边框保留0.1 mm的落差。这一微小落差单凭肉眼观察和手指触摸是觉察不到的，但恰恰是这个不易被觉察的落差使这款手机在跌落测试中表现出了极佳的抗摔效果，仅这一点，就碾压了市面上绝大多数大屏手机。

这0.1mm落差的背后，是格力手机研发团队对"工匠精神"的顽强坚守。也正是这种"工匠精神"，成就了今天的格力。

研究事情发生的底层逻辑

什么是"底层逻辑"？在电影《教父》中，主人公迈克说过这样一句话："花半秒钟就看透事物本质的人，和花一辈子都看不清事物本质的人，注定是截然不同的命运。"这里说的"看透事物本质"的能力其实就是"底层逻辑"，底层逻辑是一种顶级的"思考方法"，它从事物的本质和底层出发，直达真相，并高效地解决复杂的问题，甚至会让很多看似无解的人生难题得到圆满解决。

底层逻辑越坚固，我们解决问题的能力也就越强。它就如同"手术刀"，可以帮我们层层剖开问题的表象，直击核心与本质。

比如，在学会底层逻辑之前，当我们在工作、学习和生活中非常努力、非常忙碌，但却总是事倍功半时，我们往往会认为，可能还是我不够努力，只要我再加把劲，让自己再忙一些，就一定会成功。但是，学会底层逻辑之后，面对同样的问题，我们可能就会这样思考：我努力的方向对吗？我做事的方法对吗？这个问题有没有更高效的解决办法……

从这个角度来说，底层逻辑会帮我们打破限制，重新看待我们的工作和生活，帮我们避开思维的陷阱和盲目勤奋的误区，更轻松地得到自己想要的结果。

三皇五帝时期，黄河经常泛滥，沿岸百姓经常流离失所，苦不堪言。尧、舜派鲧去治理黄河。鲧率领民众采用水来土掩的办法，把经常决口的地方用土和石块堵住，水患暂时得到了遏制。但很快就出现了新的问题：被堵住的水有的改道到其他地方，继续决口泛滥；有的在被堵住的地方慢慢集聚，越聚越多，势能也越来越强，强到一定程度后，即便是巨大的石块也拦不住它，水会再次冲破土石喷涌而出，而且势头更加凶猛，破坏力更强。最终，鲧治水失败。

鲧的儿子禹继承父业，继续治水。

面对滔滔洪水，大禹吸取老爹治水失败的教训，用"顺势利导"的方法改"堵"为"疏"，把水引入各个河道之中，最后顺着河道归入大海。禹最终治水成功。

同样是黄河水患，父子两人在治理的时候，一个用"堵"，一个用"疏"。前者以失败告终，后者以胜利收官。两者的成败从本质上来说，就是这父子俩的思考方式不同。

我们先来看鲧的思考方式：

水灾原因——是因为水流到了不该流的地方，造成决口、泛滥。

治理办法——把决口堵起来，禁止河水流到不该流的地方。

治理结果——完败！被堵的水蹿流到其他地方，造成更多决口，越堵越泛滥；水在被堵的地方越聚越多，造成更大的决口。

再来看看禹的思考方式：

水灾原因——水往低处流，一旦水在低处聚集成势，即使有铜墙铁壁和万土之基也会被冲毁和淹没。

治理办法——利用"水往低处流"的特点，把过剩的河水分流引入多个河道，让水由不同河道流入大海。

治理结果——完胜！

从父子二人的治水方法中，我们不难窥见禹的底层逻辑是很厉害的，他直接看到了水的本质特点——水往低处流。于是，他借用水的这个特点，疏通河道，引导水患从河道入海，以河道为缰，驯服、驾驭了水患这匹"野马"，这才是真正的"治理"。

作为身处知识大爆炸时代的现代人，我们更需要学习和掌握

"底层逻辑"，来不断升级我们的思考能力。

一旦学会了"底层逻辑"，即便我们的知识储备不是很充足，知识结构不是很完善，我们也能借由底层逻辑来持续大量地吸收新的知识，而且还会活学活用，指导实践，不断实现思维迭代、自我优化，我们的成长就没有止境，我们的人生也将就此"开挂"。

有人说：三流的人不学习；二流的人只学知识；一流的人则学习"思考方法"。怎么理解这句话呢？

首先，在知识经济时代，"不学习"的危害显而易见，毋庸置言。

那么，为什么只学知识的人只是二流呢？因为这些人如果只学知识，可能会忽略知识背后的东西，很难把知识灵活运用到实践中指导自己的学习、工作和生活，甚至有人把自己学成书痴，成了一个会走路的U盘，遇到问题只会生搬硬套，弄巧成拙，正印证了"尽信书不如无书"。

而那些学习"思考方法"的人，则不但要学习知识，而且还会探寻知识背后、方法背后的东西，这已然进入了更高一层的学习——思考方法的学习。高级的思考方法就是"授人以渔"，帮我们通过底层逻辑看清世界的底牌，活得如鱼得水。

过去，人们赚钱靠信息差，比如，我知道A地的鞋子质量好，价格低，我把鞋子运到B地去卖，我就可以赚钱。而现在，人们赚钱靠的是"认知差"，也就是思考能力的差距。比如我们前面说过，比尔·盖茨从一条新闻报道里预判，电脑软件在未来会非常赚钱，于是他抢先一步投身其中。这就是比尔·盖茨与普通人之间的"认知差"。也正是这种思考力的差异，造成了普通人和比尔·盖茨在社会财富、人生价值、自我实现等多方面的巨大差距。

那些不愿意修改、升级自己底层逻辑的人，往往会一直在自己的误区和错误中打圈圈，把一辈子活成一个悲剧。

比如，有的人十年换了七八份工作。他们的理由可能是：这个工作和我的专业不对口；那个职位不符合我的个性和专长；老板和同事总是排挤我……总之，各有各的理由，而且看上去都很合情合理。然后，他们解决问题的方法也往往是跳槽，期待通过改换外部环境来改善自己的处境，却从来没有想过要改变一下自身的思维方式、思考能力，以便让自己拥有更开放的视野、更强大的能力，去解决不断出现的问题，去赢得更多的发展机会。

底层逻辑作为顶级思考能力，决定了我们人生的高度。人生苦短，抓紧时间升级我们的思考力吧！不要再耽于低效的思考方式，在工作中天天埋头穷忙却还是随"薪"锁"欲"，在生活中困顿百出却不得其解。

遇到问题，不断改进提升

　　销售经理小毕因为早上送孩子去打针，上班迟到。为了赶时间，他在路上不小心还闯了红灯。到了办公室，刚刚坐下来为自己泡一杯茶，便接到一个大客户的电话，对方在电话里很抱歉地说，他们之间的合同因为老板不太满意其中的一个细节，暂时签不了，还要考虑一段时间再决定。挂断电话，小毕跌坐在椅子上，想想一早上发生的种种，以及最近自己遇到的一些让人头疼的问题，不禁都郁闷起来……

　　现实生活中，我们每个人都有可能像这位销售经理一样，每天都会遇到或大或小的问题，小到闯红灯，大到失去一个重要客户，造成巨大的经济损失……如果我们不能很好地处理这些问题，就会被问题牵着鼻子走，任由这些问题干扰我们的判断，影响我们的情绪，打乱我们的生活，让我们失去应有的平静。

　　相反，如果能够很好地解决这些问题，我们不但能让工作和生活恢复到正常轨道，还可以借解决问题之机提升自己，改进以往的思维方式、行为习惯，让自己生活得更加自在开心。

　　所以，遇到问题时，首先不要害怕问题。美国历史上最伟大、最受人民爱戴的总统罗斯福曾说过："我们唯一害怕的是害怕本身——这种难以名状、失去理智和毫无道理的恐惧，把人转退为进所需的种种努力化为泡影。"去除对问题的恐惧心理，勇敢地面对问题，才是解决问题的开始。

其次，遇到问题要积极面对，乐观的心态往往会促进问题变成机遇。美国成功学家史蒂芬·柯维曾说："心态是世界上最神奇的力量。带着爱、希望和鼓励的积极心态往往能将一个人提升到更高的境界；反之，带着失望、怨恨和悲观的消极心态则能毁灭一个人。"积极乐观的人遇到问题时，永远不会问："我为什么过得这么糟？"，而是会问："我怎样做才能让自己过得更好？"当人们问出前一句话时，其关注点不自觉地就会放在那些让人沮丧的事情上。而当人们问出后一句话时，关注点则会放在积极寻找办法，更好地去行动，更快地解决问题上。

美国第32任总统富兰克林·罗斯福在1933年第一次就任总统时，美国正处于经济大萧条期间，全国上下都笼罩在破产、倒闭、失业、股票暴跌的阴云中，失去工作的工人们甚至露宿街头……所有美国民众都沉浸在绝望和恐惧之中。可以说，罗斯福刚一上任就接手了一个烂摊子。

但是，罗斯福总统并没有被眼前的困境击倒。他正式入主白宫后，敏锐地抓住了百姓们渴盼经济复苏的民意，积极推行新政：一方面，加强政府对经济的干预，发展公共事业来提供失业救济、复苏经济，另一方面，他通过演讲不断地向美国民众宣传自己的一系列改革方案，以求得美国人民对改革措施的理解和支持。

在罗斯福总统任职期满时，美国已然从经济危机的深渊中被拯救了出来，彻底走出了经济萧条的阴影，国民收入普遍上涨了50%，工厂机器轰鸣，市场一片繁荣……

罗斯福总统面对困境的积极心态和不断想办法解决问题的态度挽救了美国，也成就了他自己。事实上，所有的成功几乎都是人们积极主动解决问题的结果。浪费宝贵的时间和精力去抱怨的人就不会再有时间和精力去解决问题。

除了客观环境会时不时制造一些问题之外，我们个人的主观因素，比如我们的思维方式、行为习惯有时也会引发一些问题的发生，这种情况下，我们就需要好好反思并改进我们的思维方式和行为习惯。

不断优化思维方式

优化我们的思维不但可以高效地解决实际发生的问题，还可以在很大程度避免一些问题的发生。

1.一次只考虑一个问题

我们有不少人在思考问题时，总是试图一次解决很多问题，这往往会使我们陷入思维混乱，反而不利于问题的解决，甚至还会制造新的问题。如果我们尝试让自己一次只考虑一个问题，并养成习惯，慢慢地就会发现，很多问题会迎刃而解。

2.多读书、多和比自己优秀的人相处

善于学习的人，他们的经验、知识往往比一般人要丰富，他们观察问题、判断问题时，考虑得也更全面，也更容易看清问题的本质。

3.跳出原有的思考框架

改变以往的思想观念，多做逆向思维。固有的思维框架往往会让我们陷入一些盲区，看不到问题的关键之处。如果我们能多做逆向思考，打破以往的思维惯性，也许会有意想不到的收获。

4.在思考中多做"减法"

每次做选择或决定时，先把所有想法都逐一写在纸上，形成一个想法清单，想到什么就写什么。然后，留下积极的想法，去除消极的想法，屏蔽无用的想法，集中精力考虑对自己有价值、有意义的事情。

优化行为习惯

这对解决问题、避免问题的发生也很重要。良好的行为习惯、生活习惯能够让我们保持清醒，为我们赋能，帮我们集中精力去追求我们最想要的结果，而不是被不良的生活习惯、行为习惯影响而偏离轨道。

良好的习惯包括：

1.及时复盘、反思

每一次行动过后，及时复盘、反思，总结经验，评估成果，列举教训，制订改进计划。这种习惯也适用于每天下班前进行复盘和反思。

2.培养时间感，注重效率

每做一件事情之前，花点时间预估一下所需时间，训练自己的时间感，同时也可以评估一下，如果这些时间用在其他地方，会带来什么收益。了解自己的时间都去哪儿了，其成本和价值是多少，这会让我们更加珍惜时间。

3.多一些兴趣爱好

多培养一些正向的娱乐习惯，比如听音乐、健身、阅读、烹饪、养花草、和交心的朋友深度沟通……这些都可以帮我们调整心态，让我们在遇到问题时不至于钻牛角尖。

无论遇到什么问题，它都是我们人生的一部分。有智慧的人会积极解决问题，并在这个过程中提升自我，优化人生。这样的人会活得更自由、更快乐。

坚持做难而正确的事

清朝乾隆年间，有一次，乾隆皇帝收到一封急奏，奏折上说，缅甸的要犯逃跑了。

乾隆龙颜大怒，生气地问道："虎兕出于柙，龟玉毁于椟中，是谁之过？"这话出自《论语》，意思是："动物园里的动物跑丢了，被收藏起来的珍贵物品被毁坏了，是谁的责任？"

当时在他身边的很多人都没听懂这话是什么意思，不敢作声。

只有一个平时不起眼的侍卫朗声回应道："典守者不能辞其责耳。"意思是，"是守卫的责任"。这个侍卫就是和珅。

乾隆的问话借由《论语》中的经典，质问手下人谁该为缅甸的战俘出逃负责，而和珅则借势用朱熹对《论语》的经典批注进行回答：战俘逃走应由"典守者"负责。这一回答充分显示了和珅在儒家经典方面的深厚学养。他也因此获得乾隆的好感，很快被提拔为贴身侍卫，就此开启了平步青云之路。

和珅出色的表现背后，是有他十多年默默刻苦攻读做支撑的。

作为满洲人，和珅饱学儒家经典，精通汉族传统文化。和珅所处的时代，满洲人，特别是满洲官员不但文化层次低，不懂汉族传统文化，而且还蔑视儒家学说。但和珅却不顾满洲贵族子弟的嘲讽与不屑，刻苦专修"四书""五经"。

此外，和珅还熟练掌握了满、蒙、汉、藏四种语言文字。乾隆时期，满洲人的汉化进程已然十分明显，有一多半的满洲人已经不会使用满族语言和文字了。而和珅却能通过刻苦攻读，熟练应用满、蒙、汉、藏四种语言文字，借助这种能力，他协助乾隆皇帝出台了一些举措，很好地维系了朝廷与西藏地区的关系，确保了边疆的安稳。而这一切，也都离不开和珅的刻苦向学。

和珅能够从一名默默无闻的小侍卫晋升为皇帝身边文武兼备的宠臣，源于他的一个坚持——十多年间，他坚持刻苦求学、提升自我，即便是后来科举失败，只能以三等侍卫的身份进入仕途，但他依旧奋发图强，不断提升学识，最终修炼成了文武双全的本事，这在乾隆年间的大臣当中是相当具有竞争力的。

对和珅来说，坚持学习虽然是一件正确的事，但也是很难的事，因为当时的多数满洲贵族子弟都是不学无术、贪图享乐、得过且过，他们还会讥讽那些上进的行为。在这样的氛围下，和珅要顶住各种诱惑，不惧嘲讽，实在是需要很大的毅力。但是，也正因为他把难而正确的事情坚持做了下来，所以，他得到的回报也是巨大的。

坚持做难而正确的事情，对普通人来说，真的是很难的。其一，始终坚持不懈地做同一件事，其实是很挑战人性的。因为很多事情，一开始做的时候并不觉得有多难，但是时间一长就会发现，要坚持就要抵制各种诱惑，这本身就是巨大的挑战；另外，要坚持还要克服看不到潜在回报、找不到坚持方向的失落和焦灼感，很多人都是因为过不了这两关就中途放弃了。

比如健身，我们都知道长期坚持健身会带来显而易见的好处，让我们的身体更健康、更有精气神，但是，健身的过程中，我们要克服美食的诱惑，看到舒适柔软的沙发，也要告诉自己：这会儿躺下来刷一下手机视频该多好！但是为了健身，我们也要远离这种舒适区。另一方面，要健身，就要在大夏天里在跑步机上挥汗成雨，短期的坚持还有可能会遭遇体重反弹……这些因素都是坚持健身的绊脚石，所以，真正能坚持常年健身的远远少于每天下班回家窝在沙发里吃零食刷短视频的人。

那么，既然坚持做一件正确的事已然很不容易了，为什么还要做"难而正确的事"呢？答案是：因为难的事情如果坚持下来，往往回报率会更高。

有人打了个比方：如果我们每天坚持做的事情是吃美食、追电视剧、打游戏，那么这些事会回报给我们愉悦、松弛、满足，甚至是幸福感。然而，这样得来的愉悦、松弛、满足，甚至是幸福感是很容易下降的，而且下降之后，人们还容易陷入到空虚和焦虑之中，为了克服这些空虚和焦虑，人们就需要吃更多的美食、更长时间地追剧、打游戏，这就是俗称的"上瘾"行为。所以，坚持做这类事情，我们能得到的回报是比较难持续的，也不是那么的珍贵。

相反，如果我们能把那些让自己感觉痛苦的事情坚持做下去，比如健身，到最后，我们可能不但会收获快乐，还会收获一个健康的身体和优美的体态。而且，一旦健身成为了一种习惯，每次锻炼完之后，人都会觉得神清气爽，这种快乐是做其他任何事情都无法取代的。可以说，"做难而正确的事"会让我们获得一种延迟满足，因为要经历一个痛苦的过程才能获得，所以这种快乐也会显得更宝贵，也会更持久、更高级。

这种感觉就像喝碳酸饮料与品茶。喝碳酸饮料带来的那种炸裂式的冲击与畅快的确很爽，但那感觉就像烟花，灿然一亮便倏忽而逝，而且还会带来很多副作用：肥胖、骨质疏松、心血管问题，等等；而品茶，虽然没有喝碳酸饮料来得那么舒爽，甚至有的茶刚刚喝的时候还会觉得寡淡无味，但喝完之后会有回甘，让你体会到茶的醇香，这种滋味更持久、更值得回味，而且，喝茶的过程中还会让人沉静下来，放松身心。

所以说，坚持做难而正确的事，就是"吃得苦中苦，方为人上人"，虽然做的过程中会感觉痛苦，但只要能坚持下去，获得的回报就会更丰厚、更持久。

坚持做难而正确的事，相比坚持做容易而正确的事，还有一个好处就是，做难的事情更容易历练自己，更容易激发潜能、构建核心竞争力。

《圣经》里有一句话是这样说的："要进窄门，不要进宽门。宽门易进，所以人多，但必至灭亡，窄门里人少，方得永生。"

以创业为例，如果我们选择一条门槛低、看起来很宽广的路去走，常常会走着走着就无路可走了。因为宽门容易进，所以会有大量的人选择宽门，越往下走人越多、路越窄。到最后可能就是：无数的人挤在仅有的一条小路上，竞争得你死我活。

而选窄门的人则会发现，虽然窄门一开始很难进，但是一旦吃了苦中苦，进入了窄门，可能会越走越开阔，因为窄门的入口处已然截流了一部分竞争者，所以路上的同行竞争不会过于惨烈，又因为在过窄门时已然苦苦修炼了过门的功夫，所以有技术、能力傍身，这条路走起来也不会太艰难。

所以，人们常说"进窄门，走远路，见微光"，就是这个道理，只有做难而正确的事情，才有可能看到更好的风景。

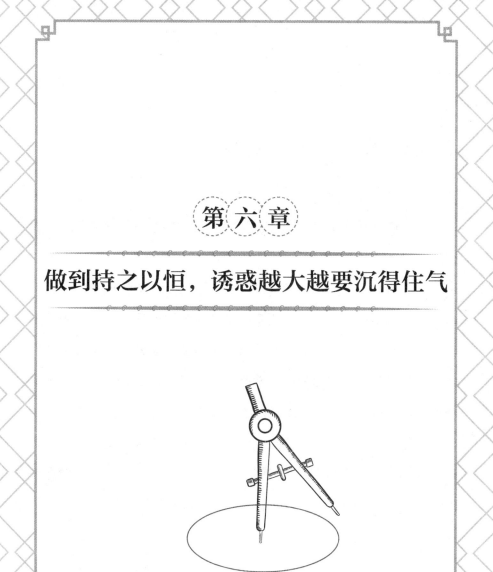

第六章

做到持之以恒，诱惑越大越要沉得住气

⟟ 像狼一样盯紧目标，锲而不舍

有一幅流传很久的漫画，题目是《这里没有水，换个地方再挖》。

一个人扛着铁锹斗志昂扬地向前走，在他身后的地面上，有五六个深浅不一的坑，有的刚刚挖了几锹就被弃置了，有的则挖了很深，离地下水的水面已然近在咫尺，只要再坚持挖两下，挖井人就能如愿以偿了，但它还是被放弃了。清澈的地下水在离坑很近的地方静静流淌，仿佛在嘲笑，也像在惋惜。

这是一幅值得人深思的漫画：挖井人一路下来干得热火朝天，看他裤腿高挽，汗流浃背，就知道他是多么地卖力，多么地有干劲，如此努力工作却一直没有成效，原因就在于他缺了"专注"二字。

用心不专是做事的大忌。荀子在一千多年前就在《劝学》中很好地阐释了专心的问题："蚓无爪牙之利，筋骨之强，上食埃土，下饮黄泉，用心一也；蟹六跪而二螯，非蛇鳝之穴无可寄托者，用心躁也。"小小的蚯蚓没有锋利的牙齿和爪子，也没有强健的筋骨，却向上能吃到泥土，向下能喝到泉水，这是因为它用心专一。

而螃蟹有六条腿、两个蟹钳,但是却要依赖蛇、鳝的洞穴来藏身,是因为它用心浮躁。可见,用心专一是多么重要。世间事,没有一件是可以一蹴而就的,挖井是如此,治学问、修炼技艺更是如此,不专心致志地下一番苦功是成不了大家的。

齐白石是我国非常有名的画家。不了解他的人都以为他超人的艺术造诣是天赋使然,而了解他的人则认为,齐老的成就一半来自天赋,一半来自勤奋和坚持。

白石老人年轻的时候因为家里穷只上过半年私塾。他热爱画画,为了提高自己的作画水平,他从描摹《芥子园画谱》做起,为了丰富自己的艺术体验,他又开始背诵唐诗三百首。他作画的时候,甚至会心无旁骛地昼夜构思。

我们都知道,白石老人画的虾堪称画坛一绝。实际上,他58岁才开始画虾。为了画好虾,他在自家院子中的小池里养了很多虾,每天都认真地观察虾,比如虾在水中游动的姿态,虾斗殴、跳跃的动作,等等。

他还匠心独运,用墨色的深浅来表现虾的透明感,用笔锋表现虾的动态。

到了60岁的时候,白石老人画的虾已小有成就,但他仍不满足,还在探究如何才能画得更逼真。

到了80岁的时候,白石老人画虾已经达到炉火纯青的地步,他笔下的虾晶莹剔透、灵动活泼、情态各异,十分惹人喜爱。

而且,在白石老人80—90岁这段时间里,他仍坚持每天上午画两三张，中午吃过饭之后，在画室里打个盹儿，下午接着再画一到两张，从不间断一天。有人曾好奇地问他："有连续若干天不画画的日子吗？"老人回答说："有过，母亲去世时，南京时局混乱，远离故乡，不能亲视含殓，悲痛欲绝，在北京哭写了一篇悼念母亲的文字，有三天没有作画，第四天才开始作画，但这一天把前日落下的还是补上了。"有人推断：照这个作画频率，白石老人一生的画作可能应当数以万计。用著作等身来形容其作品之丰都不足够，他真正做到了"生命不息，笔耕不辍"。

而且，在《齐白石画集花鸟画册·桃花篇》中记载，白石老人作画前，常常先坐在椅子上静静地构思一会儿才会提笔作画。画的时候，运笔平缓，不疾不徐，像是在打太极。画完之后，把画挂起来，自己坐在两米外端详，如果要补、要点，便把画摘下来添几笔，直到满意为止。可见，先生作画极其认真，张张倾注心血，多而不滥。

白石老人的勤奋与执着其实是无数成绩斐然的成功人士的缩影。

世界著名成功学大师拿破仑·希尔在20世纪初，花了将近20年的时间，在全球范围内采访了500位当时较有成就的成功人士，他们中有安德鲁·卡内基、西奥多·罗斯福、亨利·福特、托马斯·爱迪生……希尔想从这些人当中挖掘出他们成功的共同秘密。

最终，他发现，这些成功人士果然都有一个共同特点，那就是：专注于既定目标，长期坚持不懈。而且，拿破仑·希尔还有一个发现就是：这些人身上有着不同于普通人的特质——他们对达成目标有着强烈的愿望、坚定的信仰以及持久的耐心，正是这些特质使他们能够持久地专注于一个目标，直到它变成现实。

近代成功学有一个著名的定律——两万个小时成功定律，即如果一个人肯在一件事上专注地投入两万个小时，那么这个人无论从事什么行业，都可以从普通小白成为这个行业里的翘楚。与其说这个定律强调的是时间的力量，倒不如说是专注的力量。但凡有人肯在同一件事上沉浸式地浸泡两万个小时，他都会把这件事情做到极致，唯有做到极致，才能在万千竞争中脱颖而出。

在一件事上保持持久的专注力其实并不容易，往往有一些人在遇到挫折或困难时就退缩、消沉，最后放弃。所以，要保持专注力，我们还要学会管理消极情绪。

奥运会撑竿跳冠军布勃卡曾35次创造世界纪录。有记者采访时问他成功的秘诀是什么。

布勃卡微笑着回答："每次起跳前，我先去除自己心境里的消极杂念，让自己的心跳过标杆。"

原来，在他的撑竿跳选手生涯中，有一段非常难熬的日子。无论他怎么努力，都无法达到新的高度，这令他十分沮丧。无助、痛苦和绝望如影随形地缠绕着他，他甚至想过要终止自己的运动生涯。教练看出了他的问题，平静地问他："你现在在想什么？"

布勃卡无力地回答："只要我踏上起跳线，看清那根高悬头顶的标杆，我的心里就开始害怕。"教练说道："那你现在就闭上眼睛，让你的心从标杆上跳过去。"布勃卡如梦初醒，他遵从教练的吩咐，重新撑杆。这一次，他成功地跃身而过！

我们要保持对目标的专注，就不能让消极情绪出来消耗我们的精力，要学会管理它。所有的情绪都是可以被管控的，只要我们能找到恰当的方式。

一次只做一件事，一次做好一件事

美国著名半导体公司德州仪器公司有这样一句知名口号："写出两个以上的目标就等于没有目标。"可见，对于企业而言，目标太多往往不是什么好事。现今有些企业面临的生存难题，主要是因为目标不明确，如果一个企业既想做电子产品，又想做地产行业，还想涉足影视行业，结果大概率是没有一个领域做得出色。

企业如此，个人也是如此，每个人都有自己的目标，而且目标往往不止一个，想干这又想做那，思来想去之后开始胡乱折腾，平均两年更换一个行业，到最后十年八年过去了，什么都没做成，也什么都没做好。

其实，目标多不一定是坏事，说明思维发散，但在追求目标的过程中，应当先集中精力完成这个目标，再集中精力完成另外一个目标，如此才能将所有目标圆满完成。如果一次同时做好几件事，精力过于分散，最后可能什么都做不好。

思维可以发散，但精力不能分散。对此，著名成人教育家卡耐基曾说过："年轻人事业失败的一个根本原因，就是精力太分散。"要知道，每个人的时间、精力、资源都是有限的，没法在做某件事时，兼顾做好其他事。

日本的丰田汽车公司就深谙"一次只做一件事，一次做好一件事"的哲学。丰田生产方式（Toyota Production System， TPS）的核心就是减少浪费、提高效率，并且强调每个工作环节都做到最好。

在丰田的生产线上，员工被训练得高度专注，他们每人只负责一个特定的任务，并且不断追求卓越。例如，一个员工可能只负责装配汽车的一个螺丝，但他会确保这个螺丝每次都被准确无误地安装好。这种对细节的极致追求和对任务的专注，使得丰田能够生产出高质量、高可靠性的汽车。

此外，丰田还通过持续改进的方式，不断优化生产流程，减少浪费。这种持续改进的文化鼓励着员工不断寻找改进的空间，即使是在已经非常高效的生产线上。这种"一次只做一件事，一次做好一件事"的理念，使得丰田成为了全球最成功的汽车制造商之一。

丰田的案例告诉我们，只有专注于每一个细节，做好每一件事，才能确保整体的成功。这种理念不仅适用于制造业，也适用于任何行业和领域。

为什么我们不能同时做几件事呢？我想可以总结为以下几个原因：

1.分散精力

一个人的精力是有限的。如果将一个人的精力比喻成一桶水，要做的事情比喻成树，那么我们给其中一棵树浇了大半桶水，那么另一棵树能浇到的水自然会减少，到最后哪棵树都长不好，需要浇的树越多，这些树能分配到的水越少，甚至可能枯死。同一时间内做太多事，将有限的精力分散于太多目标中，结果就是什么都做不成。

2.容易犯错

同时做几件事时，很容易由于精力无法集中而犯错误。比如，很多年轻人喜欢边开车边玩手机或接听电话，不仅不符合交通法规而且有数据表明，开车打电话导致事故的风险比正常情况下高出4倍，近一半的交通事故死亡是因为开车时玩手机。原因很简单，就是开车的时候注意力分散了，增加了犯错几率。

3.减少成效

同时做的事情太多，似乎每件事都很急、都很重要，我们忙得不可开交，到最后却并没有获得自己想要的东西，这主要是因为我们并没有将事情的轻重缓急进行分类，让太多无谓的事占据了我们的精力，反而将最重要的事情耽误了。

那么，怎么才能做到一次只做一件事，一次做好一件事呢？

1.先做最重要的事

德国思想家歌德曾说过这样一句话："生活中的芝麻小事永远不应阻挡你去追逐伟大的事。"现实生活中，即使多件事同时出现，也不可能每件事都重要，我们应该选择优先去做最重要的那件事。

经济学中有个"帕累托法则"，即"二八法则"，这个法则认为，80%的收益产出于投入全部资源的20%的部分。这就需要我们从待办事宜中选出最重要的那20%。如果事项依然还非常多，那么从20%的选项中再进行选择，直至选出你认为最重要的那件事。

当年，乔布斯回归苹果公司后做的第一件事，就是停掉了公司大多数产品的生产线，包括多种型号的台式机、所有的服务器、打印机和掌上电脑。乔布斯认为，这些产品都不是苹果的优势所在，如果什么产品都生产，和微软等企业相比，将毫无竞争力。之后，在乔布斯的带领下，苹果开始专注于平板电脑（iPad）、手机（iPhone）等极少数产品的研发，最终转危为安，成为全球最赚钱的公司之一。

不要纠缠在繁杂琐碎的忙碌之中，时刻谨记自己的终极目标，并围绕终极目标去做最重要的事才是关键。

2.分开处理

本杰明·富兰克林被誉为"美国的圣人"，他曾说过，一个人要把一个花园里的野草都拔掉，他不能企图一次就拔掉所有野草，这会超出他的能力范围，但是他可以在某个时候只拔掉一个花坛里的野草，在拔完了第一个花坛之后，才动手第二个。

在某个时期集中全部精力和注意力来处理一件事情，以免分心和不同任务切换产生的时间成本消耗。两件重要的事千万不能一起做，否则不但不能做到兼顾，反而会导致两件事都做不好。要将分散的注意力收回来，用在最重要的那件事上。

3.固定时间

作家史蒂芬·金在《写作这回事：创作生涯回忆录》中曾这样形容自己的工作：我的日程安排得很清晰：上午处理新事务，比如撰写文章；下午用来打盹儿和写信；晚上用来读书、和家人一起、玩游戏、做些工作上紧急的修改。基本上，上午是我最重要的写作时间。

史蒂芬·金将最重要的写作时间固定在每天上午，雷打不动，在此期间，将其他事情抛之脑后。在固定的时间里完成优先事务，不仅大大提高了史蒂芬·金的工作效率，还让他成了那个时代最成功、最多产的作家之一。

其实，如果你善于观察那些有所成就的人就会发现，他们的工作效率是惊人的，但工作时长却很短，他们擅长在有限的时间内做更多的事。

"一次只做一件事，一次做好一件事"的做事方法在任何时代、任何领域都适用，因为只有集中精力于一个目标上，专心致志，做事才卓有成效。

凡事适可而止，不可贪得无厌

德国的一个小镇在一场龙卷风过后，一片狼藉。弗兰克和汉斯在拼命回收被龙卷风毁坏的东西。在一处废弃的庭院里,他们发现了不少羊皮,于是二人各分一半,背在背上继续上路。

后来,在不远处的一家废弃商店里,他们又找到了几匹上好的布料,弗兰克便扔掉了又脏又重的羊皮,把更好的布料带在身上。而汉斯则把剩下的布料都捡起来,连同之前的羊皮一起扛在肩上,东西很沉,压得他有点喘不过气来,但他一想到这些东西在将来可能会变成很多钱,就咬牙继续向前走。

半个小时后,两人又在一家无人居住的庄园里找到了一些银器。这时,弗兰克卸下一部分布料,挑出一些值钱的银器带在身上。而汉斯则把身上背的羊皮和布料捆了又捆,然后吃力地弯下腰,尽量多地拿起银器抱在怀里。

正当他们要继续赶路时,对面来了一队强盗,弗兰克见势不妙,赶紧拉着汉斯跑,可是汉斯背着、抱着太多东西,根本跑不动,最后被强盗洗劫一空,什么都没得到。而弗兰克则因为拿着轻便的银器,跑得很快,躲过了强盗的追赶。后来,弗兰克把所有的银器都变卖了,生活因此富裕起来。

这是个关于欲望和贪婪的故事。故事中,弗兰克因为能够很好地控制自己的欲望,懂得在必要的时候舍弃一些东西,带走更有价值的,所以他最终得到了好的结果,而他的同伴汉斯却因为放纵自己的欲望,变成了贪婪的人,把所有东西都带在身上,舍不得丢弃,最终这些都变成了他的负担,让他寸步难行,最终落得两手空空。

从中我们不难悟出这样的道理：保持适度的欲望，有了它，我们才会有理想、有信念、有追求，我们才能创造出丰富的物质成果和精神成果。但是，欲望过多，不加以控制，就会变成贪婪，而贪婪则会催生愚蠢、邪恶的行为。所以，欲望没有善恶之分，关键在于我们要好好控制它。

如果我们足够留心就会发现，世界上绝大多数人上当受骗的都与他们的贪念有关。过于贪婪往往会让人失去理智，分不清是非对错，心里只有即将到手的利益和唾手可得的诱惑，却料想不到，利益和诱惑之下就是让人万劫不复的陷阱。

战国时期，秦国慢慢崛起，渐渐有了吞并六国、统一天下的野心。

富裕的蜀国最先引起了秦王的注意。但是，通往蜀国的道路十分艰险，秦国的军队如果直接攻打过去，会付出极其高昂的代价甚至可能会铩羽而归。

一位比较了解蜀国的大臣给秦王建议说："我听闻蜀侯非常贪婪，我们可以从他身上想想办法。"秦王很赞同这位大臣的建议。

不久之后，很多诸侯国都听说秦国得了一件宝物——一头会拉金子的神牛。其实，这头"神牛"不过是秦王命人雕刻的一头很大的石牛，石牛的肚子是中空的，里面放了不少金子，石牛的尾巴是一个机关，一拽尾巴，就可以从牛屁股掉出很多黄金。

石牛造好之后，秦国便到处散布消息。蜀侯很快便听说了，非常心动。于是，他派人到秦国想买下这头神牛。秦王假惺惺地说道："蜀国和秦国世代交好,我们可以把这头牛当作礼物送给你们。只是,通往蜀国的路太难走了,神牛运不过去啊!"

蜀国的使者将消息带回给蜀侯,蜀侯听了马上派人开始修路。为了尽快得到那头神牛,他还每天亲自去工地监督,催促工程。很快,连接秦、蜀两国的路修好了。

但是,蜀侯在这条路上等来的不是秦国的神牛,而是杀气腾腾的秦国军队。20万秦军顺着蜀国修好的路顺利攻进了蜀国的都城。蜀国很快被灭掉了,贪婪的蜀侯也兵败身死。

面对神牛的诱惑,贪婪的蜀侯被蒙蔽了双眼,失去了最起码的判断力,落入了秦国的圈套之中,最终不但亡了自己的国家,还丢掉了身家性命。这就是过于贪心的下场。

古人云："香饵之下,必有悬鱼;重赏之下,必有死夫。"要摆脱欲望的控制,不做那钓钩上的鱼儿,我们就要提高对欲望的管理能力,做一个自律的、有智慧的人。

许衡,我国元代杰出的思想家、教育家和天文历法学家。他是一位非常正直、自律的人,他的这种品质受到当时许多人的尊重。

有一天,许衡和几位朋友顶着盛夏的太阳急急地赶路。到了正午时分,他们走得又渴又饿又累。但是因为战乱的缘故,他们路过的村庄几乎十室九空,根本找不到人家求一顿饱饭。

就在他们饿得有气无力的时候,忽然看到不远处有一棵梨树,树上结满了又大又水灵的梨子,把枝头都压弯了。许衡的几个朋友大喜过望,赶紧跑过去摘梨子吃。唯有许衡站在旁边一动不动。

朋友们都觉得很诧异，就问许衡："你怎么不来吃梨啊？"

许衡平静地说道："那不是我的梨子，我不能随便吃。"

朋友们都笑他说："你怎么这样死心眼啊？这方圆百里找不到一户人家，这梨子早就没有主人了。"

许衡很郑重地回答道："梨子没有主人，难道我们的心也没有主人吗？"

许衡最终也没有碰这些梨子。

因为许衡不但品行高洁，还很有才干，元世祖想要任用他为宰相，但许衡以身体欠佳为理由辞谢元世祖。

许衡去世后，四面八方的有学之士因为敬重他的为人都来到他的灵前痛哭。

而当时的皇上有感于许衡的才能和品德，赐他谥号为"文正"，这个谥号是封建帝王对臣子最高的礼赞。

贪婪是人的内心当中一种比较低级的欲望，有智慧、有修养的人都在尽力控制、管理贪欲。比如，有些人不断地丰富自己的内心世界，以摆脱对物质、名利的不恰当追求；还有人通过交到品行高洁的朋友而互相勉励，远离贪欲；也有人把人生目标定在为他人、为社会谋福利之中，不再把个人的私欲看得过于重要……他们虽然没有多么丰厚、奢华的物质享受，但是他们却在精神层面获得了极大的自由，成为自己的主人，也被世人所尊崇。他们也更容易获得持久的幸福和快乐。

忍常人所不能忍,才能为常人所不能为

春秋战国时,秦穆公在外巡游的时候丢了一匹马,那是他非常珍爱的稀有宝马。秦穆公万分焦急,就和随从们四处寻找。最后,他们在岐山的南边找到了那匹宝马,但是它已然死了——被一群人宰杀之后煮着吃了。

看着那群人围在一起大口地吃着马肉,秦穆公一时不敢相信自己的眼睛,站在那里心痛得说不出话来。跟随秦穆公一起找马的当地官吏要把这群吃马肉的人带回去严惩,吓得这群人纷纷站起身垂下头,等待秦穆公的惩罚。

双方面对面沉默了许久,秦穆公终于强打精神,开口对那群人说:"吃马肉不喝酒,会伤身体,我这里有酒,给你们喝吧。"于是,秦穆公让随从把酒拿出来送给那群人,并和他们一起饮酒。

一年后,晋国与秦国交战,秦穆公在战斗中被敌人围困,眼看就要被俘虏。就在这千钧一发之际,旁边突然杀出三百多人与晋军死战,救下了秦穆公,同时还生擒了晋惠公。

秦军胜利班师回国后,秦穆公询问那三百人是怎么回事。有人告诉他,这些人正是当年吃马肉的人……

爱马良驹被宰杀烹煮，秦穆公的愤怒和心痛可想而知，但他却忍下了这些情绪，没有惩罚那群盗马贼，反而送酒给他们喝，正是他的这种大度赢得了民心，也换来了在关键时刻，蒙他不杀之恩的盗马贼现身报恩，他们不但救了秦穆公，还帮秦军扭转了战局，使秦国转败为胜。秦穆公也凭借这次胜利大败晋国，成为春秋五霸之一。秦穆公对他人的宽容，给自己的未来铺就了一条康庄大道。

纵览古今，但凡能成就大事的人，多数都是器量宽大的人，能够忍常人所不能忍，正所谓"忍小忿以成大事"。比如，刘邦在和项羽的争霸中，本来是弱势的一方，但刘邦能见辱不怒，可屈可伸，最终成就霸业。再比如韩信，忍受胯下之辱，不与小人计较，最终成为西汉开国功臣，"汉初三杰"之一的美名流传至今。

忍耐是一种高超的处世智慧和优秀的个人品质，忍下一时之气，往往会使事情得以圆满解决，而一时冲动行事则常常会酿成大错或大祸。

"愤怒从愚蠢开始，以后悔告终。"这是古希腊哲学家毕达哥拉斯对后人的劝诫。在他看来，盛怒或是冲动的情绪常常会让人失去理智，进而做出不计后果的行为，这是应该引起警醒的。

忍耐，有时不只是忍下一时之气、放弃冲动行为，还可能是耐住刻骨的孤独和寂寞，在寂寂无名的时候能够沉得住气，不忘韬光养晦，待时而飞，这样的人，一旦时机成熟往往会一鸣惊人。

忍耐是保全人生的谋略，是为了等待更好的时机，更是弹性前进的策略，真正的忍耐是一旦时机成熟一定要充分地表现自己，使自己脱颖而出、最终奋发。

美国第一位亿万富豪、全球首富、"石油大王"洛克菲勒在给儿子的一封信中就提到了自己在创业过程中的忍耐和奋发,在今天看来仍然有着很好的激励作用。

在信中,洛克菲勒一开始便写道:"回忆过去,我屈从过很多次,但也从屈从中得到了很多收获。"

接下来,他把自己的故事和儿子娓娓道来:

刚开始创业的时候,我没什么钱,我的合伙人克拉克先生便请加德纳先生加入,和我们一起共事。加德纳先生是克拉克先生从前的同事,他很有钱,所以他的加入意味着我可以获得更多的资金支持,我为此感到很高兴。

但是,让我感到十分震惊和屈辱的是,克拉克和加德纳先生擅自把我的姓氏——洛克菲勒的字样从公司名称中删去了,换成了克拉克-加德纳公司,就因为加德纳是个有钱人,用他的姓氏会给我们带来更多生意。

这对我来说就是奇耻大辱!按理说,我才是真正的合伙人,而加德纳不过是注入了一些资金而已,但是现在,就因为他是个有钱的贵族,就可以肆意取代我的合伙人地位!

愤怒充斥了我的心胸,很久之后,我才强压住怒火,不停地告诉自己:一定要冷静!再冷静!我在心里对自己说:"现在,保持理智才是更明智的选择。"

几天之后，我终于平复了情绪，当作什么都没发生一样与克拉克交谈、共事。但只有我自己知道，我的自尊心受到了多么大的打击，我怎么可能像什么都没发生一样！但我鼓励自己，现在的忍耐绝非一味地容忍，而是我要用自己的理性进行有效的思考，以便在未来能扭转局势。

此时，如果我做出相反的举动，比如，我因为这件事大声地斥责克拉克，这不但会让我更加丢脸，也会搞砸我们之间的关系，甚至是终止合作，如果那样，我势必会付出更多的代价才能重新开始。而如果我暂时忍耐下来，保持与他们的团结协作，扩大我们的事业，我个人的利益也能得到最好的保障。由此，在清晰目标的指引下、在雄心壮志的鼓舞下，我越发平静下来，更加充满热情地埋头苦干。

三年后，我凭借自己的实力，终于把加德纳先生请出了公司，而公司的名字也再次变为克拉克-洛克菲勒公司！

洛克菲勒被合伙人蔑视、羞辱后，决定忍下一口气继续与之合作，是因为他很明确，自己的这种忍耐不是卑躬屈膝、无原则地退让，而是忍辱负重，为了更好地进攻和绝地反击。

最后的结果也正像洛克菲勒想象的那样，克拉克-洛克菲勒公司重新取代了克拉克-加德纳公司，而且最终又被洛克菲勒-安德鲁斯公司所代替，洛克菲勒也最终成为世界上第一位亿万富翁。他用自己的亲身经历告诉我们：忍常人所不能忍之事，才能够为常人所不能为。

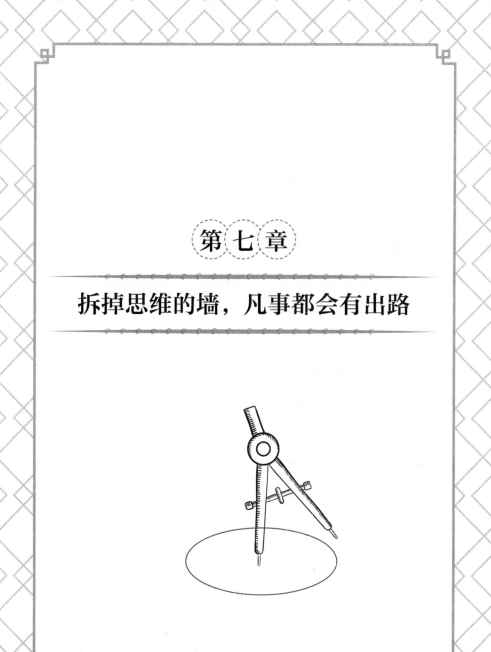

第七章

拆掉思维的墙，凡事都会有出路

突破自我，打开创造之门

我们生活的这个时代，新的变化每天都在发生，甚至是不断迭代。那么，我们有没有想过，我们每个人也要自我升级、自我突破呢？事实上，身处竞争激烈的环境时，如果我们不能自我升级、自我突破，那么，过不了多久，我们就会和周围的环境格格不入，很快就会被环境淘汰或是自我放逐。

当然，自我突破可能是一件很痛苦的事情，它意味着我们要主动打破很多限定。唯有不断突破这些自我限定和他人限定，我们才能成为理想自我，才能实现自我成长。

自我限定，往往来自于成长过程中，社会和家庭所赋予我们的。比如，当我们还是小孩子的时候，长辈们常常会对我们说："不可以""不要""不可能""不应该"……有人做过统计，即便是一个人成年以后，他听到过的上述这些词汇累计起来可能也高达上万次。

这些限制性的语言会在潜移默化中像绳索一样，束缚住我们的双手双脚，最重要的是束缚住我们的大脑和心智，让我们恐惧做出改变，害怕进行突破。要突破这些限定，我们必须学会对自己负责，认真倾听我们内心深处的声音，找到那些限定，然后努力地改变它、突破它。否则，你永远不知道，那个破茧成蝶后的自己是多么令人惊艳。

京剧大师梅兰芳正是因为勇于自我突破，最终才成为一代宗师的。

梅兰芳虽然出生于京剧表演艺术世家，但小时候的他却被一些内行人认为"不是当名角的料"。

从外表看，小时候的梅兰芳有点近视，上眼睑有点下垂，眼神也不是很灵动。当他去拜师学戏的时候，被师傅说"生着一双死鱼眼睛，灰暗、呆滞，根本不是学戏的材料"，不肯收他为徒。

梅兰芳并没有为此灰心，反而想尽办法弥补自己的不足。在高人的指点下，他刻苦练习自己的眼神。他养了一群鸽子，每当鸽子在天空中飞行的时候，他就仰望长空，双眼紧随着鸽子转动；他还养了一些金鱼，每天喂鱼的时候，眼睛跟着游动的金鱼转动。

天长日久的练习之后，梅兰芳的眼睛变得特别有神，有人形容如同一汪秋水，眼波流转，脉脉含情，光彩照人，就凭这一点，他演的旦角在当时无人可以超越。

面对权威人士的否定甚至是贬低，梅兰芳没有向这种"权威"低头，反而愈挫愈勇，剔除了别人强加在他身上的消极想法，积极寻求改变。最终实现了自我超越。

现实生活中，我们也可以通过积极的心理暗示和积极的行动来实现自我升级。首先，我们要承认，一个人的思想是有力量的，它可以左右人的行动甚至是人的命运，一个人只要改变了思想，那么他心中的条条框框就可以被破除，他的心灵和行动将更加自由、更加灵活，随之而来的也将是随心所欲、顺风顺水。

所以，我们可以尝试着做这样的想象：把那些消极的、自我否定的想法认真整理好，整齐地捆成一束，带着它们来到大桥上，桥下有湍急的水流，你看见自己把这些捆成一束的消极想法从大桥上扔了下去，又马上被水流冲得无影无踪。接下来，你开始行动，首先制定可行的行动计划，每天改进一点点，21天之后，你可能就会发现一个更加美好的自己。

要实现自我突破，最关键的难处可能还在于我们要跳出原有的舒适区。安于现状的人，就如同温水煮过的青蛙，会在舒适的水温渐渐失去跳跃的能力，等到想要突破，已然失去了最佳的机会。所以，改变要趁早，突破自我也要趁早。

亨利·福特，人类历史上第一位使用流水线大批量生产汽车的人，他的这种生产方式不仅革新了当时的工业生产，还对现代社会的物质创造及文化建设产生了巨大影响。亨利·福特的一生几乎就是不断跳出舒适区，实现自我突破的一生。

亨利·福特13岁那一年，在随父亲去往底特律的途中，一台在路上自动行走的蒸汽机引发了他极大的好奇心，他跳下马车，一边观察蒸汽机，一边贪婪地向主人询问种种知识。

这次奇遇之后，少年亨利心里就萌生了一种念头，他要离开家乡，去往底特律，在那里制造一台"能够自己走路的车"。

16岁那年，亨利终于做了一个决定，偷偷去了底特律城。尽管前面有很多未知的艰难，尽管他那经济优渥、无忧无虑的家庭有着巨大的诱惑，但他知道，他不会放弃自己的梦想。

在底特律，亨利找到的第一份工作很辛苦，工资很低，根本养活不了自己，但他咬牙坚持着。

后来，为了能学到更多的机械知识，亨利换了一份新的工作，他的工资加到了每周3美元。但是，一段时间之后，当他觉得这份工作不能给自己带来更多成长的时候，他又一次换了工作。

此时的亨利，早已是一个熟练的机械师，但他还想更多地长见识，尝试各种新事物，于是，他通过努力进入了向往已久的底特律最大的造船厂。虽然这份工作又让他回到了入不敷出的生活境地，但他不在乎，他最大的快乐是能天天接触各种型号的蒸汽机，能近距离地钻研它们。工厂备有很多机械方面的杂志，一有空闲，亨利就坐在角落里翻阅这些杂志，寻找一切机会不断突破、不断进步。

到了1891年，亨利已然成为爱迪生照明公司的工程师，30岁时便可以在公司里独当一面，31岁时又被公司提升为总机械师，成为底特律的名人。直到此时，他依然没有忘记自己当初的梦想——制造一辆"能够自己走路的车"。而此时的他，也有了足够的时间和金钱来进行内燃机的研究。

终于，1896年，他制造了他的第一辆汽车——"四轮车"。他的梦想之路终于展现在眼前……

可以说，在成为最伟大的企业家的过程中，亨利经历了许多艰辛，但他一次次地不断突破自我，离开一份又一份稳定的工作，离开安逸的农场生活，不断地钻研、试验、再钻研、再试验……为了造车梦，在许多人看来，他像傻子一样，一次又一次地放弃安逸的生活、安稳的工作，去追求一个毫无把握实现的梦想。

但也正是在这一次次的突破中，在这一场又一场的冒险中，亨利成了自己命运的主宰，走上了人生的巅峰，不但成就了自己，也成就了一个伟大的汽车制造企业。

抬头看路，利在局势不在力耕

人们常说，勤奋是打开成功之门的真正钥匙。但是，我们也常常看到，很多人虽然十分勤奋、努力，却没有取得令人满意的成果，有的人甚至忙碌半生，却离自己理想中的目标越来越远，这又是为什么呢？对于这个问题，我国古人用一个有趣的寓言故事给出了很好的答案。

一个人驾着马车在大路上急驰狂奔。他遇到一个同路人，对方问他要去哪里，他回答说："我要去楚国。"对方听了大吃一惊，说道："楚国在南方，你现在怎么往北走啊？你这样根本到不了楚国啊！"

驾车的人不慌不忙地回答说："你不用为我担心，我的马跑得很快的，不愁到不了楚国。"同路人再次大声提醒他："你的马跑得越快，就离楚国越远啊。"

驾车人再次慢悠悠地指指自己身后的行李说："我带了很多的路费和干粮，路远也没关系的。"

同路人仍是替他着急，说："你走了相反的方向啊，这样走是到不了楚国的。"

驾车人仍旧自信地说："你不用担心，我驾车的技术非常好，一定能到楚国的。"

同路人见这人糊涂至此，实在无话可说，便无奈地摇摇头、叹口气，离他而去。

"南辕北辙"的故事看上去有点夸张，但它的确反映了现实生活中，一些人做事不讲方法，不看形势，一味埋头蛮干，到头来花了天大的力气，却一无所成。

不讲方法的勤奋就是对生命的透支，明智的人绝不会这样做。他们在做事的时候，首先会观察形势、判断局势，力争在"天时、地利、人和"的时候采取行动，以取得事半功倍的成效。

"站在风口上，猪也能飞起来"这是小米创始人雷军的"飞猪理论"，意思是一个创业者如果能够看清形势、找准时机、赶上机遇，即便不是很聪明，也有可能取得成功。

"飞猪理论"提醒我们，在追求成功的道路上，我们要时刻保持敏锐的洞察力和判断力，善于及时发现机遇、把握机会。当然，前提是我们自身也要有实力。就像"飞猪理论"中的那只猪，如果它本身不会飞，即便是在风口上被吹起来，早晚也会掉下去摔死，所以雷军的理论叫"飞猪理论"，就是说，要做成事，除了时机、形势、机遇，我们自身还要有能"起飞"的实力和能力。只有具备了足够的实力和能力，才能在风口上站稳脚跟，飞得更高、更远。

在自身会"飞"的基础上，我们如果能花足够的时间研究风向和风口，就有可能在顺风局里躺赢。要学会判断形势、把握机会，我们就要做到以下几点。

1.不断蓄势

蓄势，就是不断增加自身实力、拓宽自身的眼界和格局。成功是给有准备的人的，没有先期的付出和坚持，没有积蓄足够的力量和势能，即便机会来了，形势大好，我们也只能眼睁睁地看着它溜走，因为能力接不住它。所以，成功首先要蓄势，让自己有更强的实力、更深的洞见和更大的格局。

2.不断谋势

学会判断形势、把握机会，我们要善于谋势。当我们认清了形势，明确了自身所处的位置时，还要尽可能地借助资源和人脉为自己谋划，谋划有利于自己行动的局势，为实施目标计划做前期准备。凡是谋划大事而取得成功的人，在执行目标之前，他们都会积极地"谋势"，主动地让局势朝着有利于自己的方向发展。

3.不断借势

擅长把握机会的人也往往是擅长借势的人，他们会让"势"为自己服务，让"势"成为杠杆，把自己的努力成果成倍放大。比如，寻找知名伯乐，成为他的千里马，借助伯乐的人气让更多的人看到自己的能力和才华；再比如，放弃一个人单打独斗，而是借助优质平台，扩大自己的影响力，为成功造势……善于借人、借势为自己助力的人，更容易跳出自己的视觉盲区和思维盲区，在外力的帮助下走出死胡同，走出一片开阔天地。

4.学会变通

能及时认清形势、擅长把握机会的人也是会审时度势、懂得变通的人。

俗话说"变则通，通则久"，我们身处的社会随时都在发生变化，如果我们总是用一成不变的态度或方式来应对这个变化无穷的社会，那么我们必然被淘汰出局。把变通作为自己的一种能力，以变应变，这是面对竞争社会的最佳状态。

那些墨守成规、不知变通的人工作起来不但效率极低，还可能四处碰壁，就像下面故事中的这个牧师一样。

山谷里，生活着一位十分虔诚地信奉上帝的牧师。

有一天，山谷中洪水暴涨，马上就要淹到牧师了，他吃力地爬上教堂屋顶，心里默默祈祷上帝快点来救他。就在这时，有人划船飞驰而来，对他喊道："快上船，我救你离开这里。"

牧师看了看船夫，说："我是上帝的仆人，他会来救我的，你还是去救其他人吧。"

那人便划船离开了。

又过了一会儿，洪水涨得更高了，牧师拼命地抱着教堂的塔顶才没有被冲走。这时，一架直升机飞了过来，飞行员对牧师喊道："亲爱的牧师，我放下梯子，你抓牢梯子爬上来，我把你带到安全的地方。"

牧师仍旧回答说："不用你，上帝会来救我的……"刚说完这句话，一股洪水滚滚而来，牧师被洪水冲走，淹死了……

天堂里，牧师见到了上帝，很生气地问道："亲爱的主啊，我把一生都奉献给了您，忠心耿耿地侍奉您，但是您为什么不救我，让我淹死在洪水中？"

上帝："我怎么不肯救你？第一次，我派了一艘船过去，你不肯；第二次，我又派一架直升飞机过去，你还是不肯，所以，我以为你是想要来这里好好陪我……"

故事中，上帝一次又一次变幻形式，伸出援手搭救牧师，但是固执的牧师一心想的是，只有上帝亲自降临才是他真正的救赎，于是一次又一次地错过了机会，最后命丧洪水中。

这种固守形式、不知变通的人，做起事来往往只会在一棵树上吊死，而看不到条条大路可以通罗马。

低质量忙碌只会让人麻木、愚钝，我们不能只顾低头"苦干"，要记得抬头看路。不谋局势者，环境一旦有变，我们就会难以适应新的挑战，变得手足无措。而善于思考的人，会与时俱进，关注大环境的变化和动态，发现并把握转瞬即逝的机会。所以，做任何事情，我们都既要低头做事，也要抬头看路。

做一点改进，结果大不相同

有不少人都心存这样的观念，认为"压力就是动力，压力越大动力也就越大"，所以，他们觉得要想取得成功，就要给自己很大的压力，要树立远大的目标，才能激发起斗志，比如创立一个大型企业，在写作方面获得一个大奖……这些人往往对一些微小的改进不屑一顾。事实上，过于宏大的目标更多时候可能会带给我们挫败感，很难坚持下去，让人茫然不知从何做起。所以，我们不妨把大的目标分解成小目标，每次改进一点点，从很小的事情开始不断进行自我突破，从中获得成就感和满足感，经过时间的积累，这些微小的改进，恰恰可以带来很大的变化。

我们都知道，在财务管理中有一种复利效应，其威力大得惊人。事实上，一些研究行为学的学者们发现，我们的行为习惯也存在着复利效应。有人发现，如果我们每天在习惯上进行1%的改进，那么一年之后，我们将会在这个习惯上有37倍的进步。

具体来说，我们将维持原状视为1，若我们每天改进1%，一年后，我们将进步37.78；如果我们每天退步1%，一年后，将退到

0.0255，我们的才华、能力可能就会被这每天1%的懒散、退步消耗殆尽。

这个研究带给我们的启示就是：如果你一直维持原状，不肯做出改变，那么我们的一辈子就会一成不变。而如果我们每天进步一点点，哪怕只是变化1%，那么365天后，我们一直坚持进步的那个点将会实现突飞猛进的变化。当然，偶然的某一天进步一点点并不难，难的正是每一天都坚持进步。

有一位刚刚退休的网友给自己做了一个笔记：她原来每天7点起床，退休后坚持每天5点就起来。然后，利用这多出来的2小时读书、听书或是健身，坚持了一年的时间后，她统计了一下，居然一共读了40多本纸质书、听了30多本电子书，而且还写了10万多字的随笔，有的随笔在自媒体上发表后还获得了上万的点赞！她的身体也因为这一年来坚持锻炼而变得结实了不少。

这位退休网友仅仅坚持了1年的时间就有了变化，那么再坚持2年、3年呢……相信，只要坚持天天如此，这些习惯一定会在我们的头脑中、在我们的身体上留下印迹，那是成功的印迹。

在这个碎片化的时代，太多的人在匆忙的节奏里、慌乱的脚步中失去了专注力、毅力和修正自己的能力，所以常常在做事的时候半途而废，这也就使得培养专注力、不断深耕自己成为一种稀缺的能力，也成为一条通往成功的道路。

如果我们肯将"每天改进一点点"持之以恒地坚持下去，保持一定的成长率，就可以让我们的个人成长达到一种复利效应，每天进步一点点，看似很不起眼，但是简单的动作重复做以后，它会发生质的裂变。

当然，无论复利效应的威力多么惊人，最关键的还是我们要把"每天改进一点点"付诸行动才有收获。没有行动，我们就永远是那个"1"而不是"1+1%"。

德摩斯梯尼是古雅典时期非常著名的雄辩家、民主派政治家。在当时的雅典，雄辩术高度发达，听众对演说家的口才和思辨能力要求非常高。在当众演说时，但凡演说者稍微有一个不适当的措辞或是不恰当的手势和动作，都会引来听众的嘲笑和讥讽。而且，一个出色的演说家还必须声如洪钟，吐字清晰，仪态优美，辩才无碍。

而德摩斯梯尼在成为杰出的雄辩家之前，不但天生有口吃的毛病，而且他的嗓音十分微弱，说话时还有耸肩的坏毛病。两相对比之下，德摩斯梯尼似乎根本就不是当演说家的料。但是，这巨大的落差并没有难住德摩斯梯尼，反而激发了他一定要成为一名优秀演说家的斗志。

为了达成这个目标，他把自己要克服的毛病分解成几个小问题，每一阶段改进一个问题。

最初的时候，他要攻克发音吐字不清的问题，正是因为这个问题，他在演说时多次被轰下讲坛。为了让自己演说时能够像那些出色的演说家一样吐字清晰，他虚心向著名的演员请教发音技巧，甚至为了改进发音，他把小石子含在嘴里练习朗读，迎着大风和波涛练习说话，为了在说话时中气更足，改掉气短的毛病，他一边攀登陡峭的山路一边吟诗。

当发音吐字的问题有了一定的改进之后，他又开始集中精力攻克演说论证无力的问题。

为了让自己的论证更有力量，他刻苦读书、学习，抄写了8遍《伯罗奔尼撒战争史》；此外，德摩斯梯尼还努力提高政治和文学修养，他研究古希腊的诗歌、神话，背诵优秀的希腊悲剧和喜剧。柏拉图是当时公认的演讲大师，他的每次演讲，德摩斯梯尼都前去聆听，并用心琢磨大师的演讲技巧……

为了改掉演说时耸肩的坏习惯，他在左右肩上各悬挂一柄剑，还在家里装了一面大镜子，每天起早贪黑地对着镜子练习演说。他还把自己剃成阴阳头，逼迫自己不能出门，以便能安心待在家里练习演说。

据说，德摩斯梯尼这些近乎残酷的练习方法一直持续了近10年。最终，他成了雅典最具雄辩的演说家。他的著名政治演说为他赢得了不朽的声誉，他的演说词结集出版，成为古代雄辩术的典范。

德摩斯梯尼正是凭借着"每天进步一点点"的坚持和恒心，成了那个时代最伟大的演说家。

成功不是一次两次的爆发式成长，而是持续的累积和努力，我们应该培养长期思维，每天进步一点点，同样的行为，重复一天两天，看不出有什么效果，但坚持几个月几年后，我们就会看到这种累积所产生的巨大影响，到那时，我们终将脱颖而出。

第八章

做事"先人一步"，抢占最佳时机

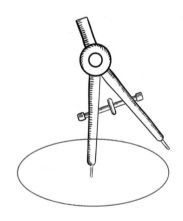

▲ 事情没有想象中那么难，只是你以为它难

哥伦布发现新大陆之后成了当时非常有影响力的人物。有一次，哥伦布出席一场宴会，几位宾客纷纷好奇他是怎么肯冒着生命危险出海探险的。

哥伦布听到之后，从盘子里拿出一个鸡蛋，大声地问在场那些人：你们当中，有谁能把这个鸡蛋竖起来？

这个问题让当时在场的人们面面相觑，并开始试着想办法立起这个鸡蛋。但是这些人发现，鸡蛋到他们手里之后，无论怎么摆弄都立不起来。最终，这个鸡蛋在那些人手中转了一圈，又回到了哥伦布手上。众人一时都很好奇，想看看哥伦布怎么把鸡蛋立起来。

只见哥伦布手握鸡蛋，无声地扫视了一眼众人之后，把鸡蛋在桌子上轻轻一磕，稍微磕破了皮的鸡蛋便稳稳地立在了桌子上了。

看到哥伦布的一番操作之后，现场有人嚷嚷了起来："就这么简单？这算什么呀，你故弄玄虚吧！"哥伦布回答说："是啊，本来这件事情就没什么复杂的啊，但是你们不去做就会觉得千难万难。就像我驾船出海远航一样，看上去很难，但我着手去做了，也做到了。"

立鸡蛋本来是十分简单的操作，但在场的很多人却想得过于复杂、过于玄虚，当然也不排除一些人可能并没有想清楚立鸡蛋到底是怎么回事，所以迟迟不知道怎么下手，结果败下阵来。

现实生活中，也有不少人像故事中那些败给哥伦布的人一样，做事的时候有畏难情绪。一件事摆在面前，还没有开始动手做就觉得千难万难，甚至想逃避，放手不做。但是，当这些人一旦下定决心行动起来，开始做这件事的时候，往往会发现，事情并没有想象中的那么难。

面对问题，还没有着手解决就开始想要逃避或是拖延时间，可能是有以下几种原因。

1.没有想清楚问题

"把难题清清楚楚地写出来，便已经解决了一半。"美国通用汽车公司管理顾问查尔斯·吉德林面对问题时，常常以这种方式来应对，这种观点在管理学上被称为"吉德林法则"。而美国著名投资家沃伦·巴菲特的黄金搭档查理·芒格也曾说过："遇到了难题，把它彻底搞明白，难题就（相当于）解决了一半。"

实际情况也的确如此，很多时候，当我们觉得问题难以解决时，其实不过是我们没有把问题搞清楚而已。就像前面的故事中，明明就是把鸡蛋立起来一个简单的动作，但是很多人并没有想清楚，还以为有什么玄奥在其中。而哥伦布想清楚了，所以干脆利落地完成了任务。

当然，要把问题搞清楚，还有一个前提就是直面问题、不逃避问题，千万不能因为不想解决问题而假装它不存在，这是自欺欺人，无济于事。至于那些在问题面前怨天尤人，甚至推卸责任，把问题归咎于他人的人，更是掩耳盗铃。问题不会自动消失，任何的犹豫、逃避、拖延，都只会让它像滚雪球一样越拖越麻烦，延长我们的困境和痛苦。

所以，与其逃避和自欺，永远不如直面现实，就像查尔斯·吉德林和查理·芒格劝诫我们的那样：把问题想清楚，然后对症下药。一旦我们能够像玩拼图一样，把看似很大、很难的问题逐一拆解，再制定针对性的措施一一破解，把复杂的事情简单化，把简单的事情流程化，就会发现问题并没有想象中那么难。

20个世纪80年代，美国大陆航空公司德克萨斯州到纽约市的机票价格曾一度低到49美元一张。这家航空公司的业绩连续十年下滑、亏损不断，最后甚至到了负债经营的境地。

为了扭转不利局面，新上任的公司总裁戈登果断地下令裁撤那些负债经营的航线，并开始认真寻找问题的根源。

最终，他发现，其中一条负债经营的航线所连接的德克萨斯州和纽约这两个城市，其实并没有多大的航班需求。所以，即便是票价再低，这条航线依旧没有上座率，依旧会亏损。

了解并想清楚了问题的关键所在，戈登马上着手把航线改为需求量比较大的城市，同时再次减少了一些不合理的航线，并拓展了一些新航线。

运营一段时间之后，大陆航空的班次虽然比之前减少了很多，但盈利却增加了。而有些航班的票价虽然比之前有所提高，却依旧有很好的上座率。

面对公司的巨大亏损，戈登给我们做了很好的示范：先是直面问题，耐心地分析问题，找到真正的症结所在，再抓住关键点一一拆解问题，最终使大陆航空扭亏为盈，竞争力越来越强。

2.自我设限

总是把事情想得很难，遇事就心生胆怯，这样的心理状态多半源于自卑，这类人往往习惯于自我矮化、自我设限，一遇到事情首先想到的是"我胜任不了这个""这个太难了，超出了我的能力范围"……

在我们的成长过程中，每个人或多或少都遭受过外界有失公允的批评和打击。如果这类批评和打击过多或是过于严苛，不少人的热情和勇气就会被封杀，丧失了面对问题的信心和勇气，养成了懦弱、犹疑、自卑的性格，不敢承担责任，甚至是不思进取。

对此，我们要努力克服"我不行，我不会""这太难了"的想法，多站在解决问题的角度思考："怎么才能达到结果，解决问题？"

真正的困难不是问题本身，而是我们对待问题的态度和思考方式，我们常常把自己限制在自设的框架中，认为自己的能力无法解决这么艰巨的问题，而事实上，解决问题多数时候只需要放开心态，正确的思考和义无反顾的勇气。

3.苛求完美，无法迈出第一步

"Done is better than perfect."（完成比完美重要。）这是脸书（Facebook）公司内部的一条标语。

正如这条鼓舞人心的标语所揭示的那样：很多时候，让我们止步的不是我们的能力不够强，而是要把事情做到完美的苛刻心态。我们常常会因为害怕做得不够完美而不敢迈出第一步，结果就是越想做得完美就越迟迟无法开始，白白错过了那些美好的机会，错过了那些可以让我们成长的经历。

所以，想要做成一件事情，最好的时机就是马上去做。莽撞地开始，拙劣地完成，也好过因为心怀完美主义而迟迟不动手去做。比完美更重要的是完成，在执行中找方法，行动才是最好的答案。

万事开头难，一旦开了头就会发现，事情其实并不如想象的那么难。

现在就开始行动吧！

比别人快一步，敢做第一个吃螃蟹的人

一位非常有投资眼光的商人听说有个偏远的地方的人没见过大蒜，而他手上正好有一批大蒜等待出手。于是，他连夜带着一车大蒜翻山越岭赶到那个地方，找到当地的部落首领，向他推销大蒜。

当地人在部落首领的带领下，一边品尝大蒜的独特味道，一边倾听商人介绍大蒜的好处：可以当调料，做菜更有滋味；可以杀菌，预防一些疾病……部落首领和他的臣民们都觉得大蒜实在太好了，价值连城。于是，他们用两袋金子买下了一车大蒜。商人开心地拿着金子离开了。

不久之后，商人用一车大蒜换了两袋金子的事情传播开来。另一位商人听到后，就在心里琢磨：大蒜在那个地方可以换两袋金子，我有一车大葱，比大蒜的味道也不差，作用也很多，说不定到那里也能换两袋金子呢。

这位商人第二天便带上一车大葱，也是翻山越岭来到了那个地方。

不出商人所料，当地的部落首领和部众们也非常喜欢他的大葱。在商人的大力推荐下，这里的人们甚至觉得大葱比大蒜还要好。

为了感谢商人带来这么美味的食物，当地人盛情款待了他，还对商人承诺，要把他们当地最珍贵的宝贝送给他，表示感谢。这让商人更加确信，他一定会得到更多的金子。

可是，当商人第二天要离开的时候，让他意想不到的事情发生了：部落首领和几位长老经过几次开会商议，一致认为送金子根本不能表达他们对大葱商人的感激之情，大蒜才是他们当地人最珍贵的东西，才最能表达他们对大葱商人的感激之情。于是，这位大葱商人得到了两袋大蒜……

　　这个故事初听时觉得可笑，仔细品味之后却发人深省：卖大蒜的人抢先一步来到偏远的部落卖大蒜，得到了当地人送的金子，而步其后尘卖大葱的人因为晚了一步，得到的却是大蒜。

　　由此可见，实力差不多的时候，谁抢先一步占到先机，谁就有了竞争优势，就能成为赢家。"早起的鸟儿有虫吃"，如果我们能事事早起一点儿，便可常常胜人一筹。

　　思科总裁钱伯斯有一个著名的"快鱼理论"。这个理论认为：现代社会，因为竞争日益激烈，传统的"大鱼吃小鱼"的竞争模式已然不再盛行，流行的是"快鱼吃慢鱼"——谁的速度快、反应快，谁就能称王。

　　我们常说"机不可失，失不再来"，说的就是机会的稀缺性和时效性。在机会出现的一刹那，谁先抓住谁就有更大的获胜机会。只有比别人更努力，快人一步抢占先机才能"先到先得"。

　　古往今来，能够被铭记的往往都是第一名，比如，我们都记得第一个登上月球的人叫阿姆斯特朗，可是第二、第三个登上月球的人是谁，又有几个人知道呢？就像赛场上，人们只会盯着冠军欢呼，而很少关注第三、第四名一样。

　　我们都知道，电话是由贝尔发明的，但鲜为人知的是，当年贝尔申请电话专利的时候，曾有一位竞争者，差点儿让贝尔失去了这个机会。

　　1876年2月14日，贝尔向美国专利局申请了电话专利。然而，赶巧的是，就在同一天，一个叫伊莱沙·格雷的人也申请了电话专利，而且，他的电话和贝尔的电话十分相似，仅仅是在工作原理上有一点细微的不同。

接下来，在评定格雷和贝尔的专利时，专利局陷入了十分头疼的境地。因为两人的专利在原理上十分相近，又是在同一天申请，但最终专利局还是把"电话"专利判给了贝尔，因为格雷的申请要比贝尔晚两个小时！

两个实力不相上下的科学家同时在电话的发明上取得了突破性的进展，又同时申请专利，就因为相差了两小时，结局却是贝尔一举成名，誉满天下，同时也赢得了巨大的财富。而格雷却从此寂寂无名。这关键的两小时揭示了一个残酷的真相：先下手者为强！谁能比别人快一步，把时间和效率发挥到极致，谁就是王者。

当然，快人一步、抢占先机还有一个前提，就是我们要有先见之明，能够先知先觉地预判事物发展的趋势，借势发力，才能更快、更强。

大连某知名企业创始人韩威，从一个小型的家庭养鸡场开始，一步一步成为全国知名的大企业。他成功的关键之处就在于能够领先一步看到商机，然后立即行动，在别人还在等待时机的时候，他已然在路上，当别人上路时，他已然成功在握。

20世纪80年代初，当时的中国刚刚开始改革开放，韩威就和亲友筹集了3000元办起了家庭养鸡场。在当时，办家庭养鸡场的人很少，韩威占尽先机，所以轻松地赚到了第一桶金。

韩威的成功很快引发瞩目，正当人们纷纷效仿他的时候，韩威又先人一步，把家庭养鸡场转型成了专业的养鸡场。因为再一次走在了市场的前面，所以韩威的生意依旧红火得不得了。

但韩威并没有因此止步，而是认真分析国内养鸡场的发展趋势，得出一个结论：传统养鸡方式正在逐步失去竞争力，要想在鸡的养殖上站稳脚跟，就要加大科技投入，降低成本，提高鸡的生产数量和质量。

于是，韩威再次抢先一步，建成了现代化、全自动养鸡场。整个鸡场只需一个人操作，这在当时绝对超前。鸡的产量和质量也比之前有大幅提升。

此后，韩威更加深入地了解、思考养鸡行业市场，他又一次先知先觉地得出结论：仅靠生产普通的鸡和鸡蛋已经没有竞争力。于是，他不惜重金聘请营养学专家，帮他开发绿色鸡蛋。这正好迎合了当时人们钟情绿色食品的消费需求。所以，绿色鸡蛋一上市就畅销国内，甚至还远销国外。

曾经的世界首富比尔·盖茨认为：竞争的实质，就是在最短的时间内做最好的东西。韩威正是凭着自己的先见之明，处处先人一步，在最短的时间内把养鸡、产蛋这一传统蛋禽业做成了优势产业，他本人也被人们戏谑地尊称为"中国鸡王""首席鸡司令"。

不怕没机会，就怕没准备

每到夏天，蝉就成了大自然的主角。炎炎夏日，它们在树上引吭高歌，尽情地吮吸树木的鲜美汁液，自由地恋爱、结婚、生子……短短两三个月的夏日时光，蝉尽情地歌唱和享受着生命中最精彩的日子。

但是，鲜为人知的是，为了这短暂的几个月的辉煌，蝉首先要在地下度过三到五年，甚至十多年暗无天日的生活。在地下，它们连动都不能动，只能依靠吸取树根的汁液维持生命。即便这样，它们仍然没有忘记自己终有一日要破土而出的梦想，所以它们不断地蜕皮、生长，为那一天做准备。

终于，在那一刻到来的时候，它们破土而出，爬上树干，再经过痛苦的蜕变，破壳而出，羽化成蝉，振翅高飞到树上享受自由的阳光，开始大声歌唱。

为了生命中唯一的夏天，蝉在暗无天日的地下准备了几年甚至十几年，它们用一生的经历告诉人们：成功不是一蹴而就，更不是偶尔的侥幸，而是长期的积累和准备。在成功的机会到来之前，要耐得住寂寞，坚持不懈地积累和沉淀，然后才能在机会来到的时候抓住它，厚积薄发，获得成功。

纵观历史上那些做出一番成就的人们，没有谁的成功是侥幸的。那些一夜暴富、一夜成名的人，往往会像烟花一样，绽放得虽然很灿烂，但陨落得也相当迅急。就是因为他们的"成功"来得太过容易，没有足以胜任的实力做基础，所以只会昙花一现。

凡是能够在机会到来时凭实力伸手抓住它的人，无一不是在平时默默深耕自己的人。所谓深耕自己，就是在自己的领域能够沉心静气，踏踏实实地不断精进、不断提升自己。成功没有捷径可走，只能通过坚持不懈的学习和努力才能成为所在领域的真正专家。

莫言获得诺贝尔文学奖之前，度过了31年漫长的伏案深耕写作的时光。30多年中，他靠着坚定的意志和耐心，不断钻研和精进自己的写作能力，一直在准备和积累，终于在57岁时捧得了诺贝尔文学奖的桂冠。

肤浅的人常常把别人的成功说成是运气。事实上，任何真正的成功都是一分耕耘一分收获换来的，从来就没有什么凭空而来的好运。机会总是留给有准备和肯付出努力的人，那些看上去轻描淡写的幸运、毫不费力的成功，背后其实都写满了百般的努力和万全的准备。

2020年东京奥运会上，中国短跑名将苏炳添以9秒83的成绩打破了男子100米的亚洲纪录，成为1989年来首位闯入奥运百米决赛的亚洲选手。而在此之前，9秒85一直被认为是亚洲人百米的极限时间。

苏炳添初中时与短跑结缘，进入中山市体育运动学校后开始接受系统的专业化训练。他当时的教练杨永强回忆，苏炳添在学校田径队时从不缺勤，每次训练都积极参加，虽然是刚刚入队，还不是正式队员，但苏炳添也十分认真地参加训练，对教练布置的任务从来都是不折不扣地完成。

到了省队之后，苏炳添在训练中依然非常自律。他的省队教练提到苏炳添时说到一个细节：在省队、国家队，运动员的饮食都有统一的严格规定。但运动员一旦放假回家就没有了这个限制。多数运动员也都会放松约束，而苏炳添却不然，即便是回家之后，他也仍旧严格遵照训练时的饮食要求，滴酒不沾。

百米跑道上，运动员每快0.001秒都需要付出极大的努力。在苏炳添参加训练的时候，中国田径的传统训练模式主要以大负荷、高强度的"苦练、狠练"为主。

对此，苏炳添从不叫苦。为了提高起跑速度，苏炳添在训练场上一遍又一遍地练习蹬踏起跑器的动作：努力压低身体、起身、冲出跑道……每个动作每天都要重复几十次甚至上百次，枯燥又辛苦，但苏炳添每场训练都全力以赴，不断突破。

正是在这种高强度、超负荷的训练下，苏炳添的成绩以0.01秒的幅度艰难而又踏实地进步着：2007年10秒45，2008年10秒41，2009年10秒28，他也因为这个优异成绩跑入了国家队。

在男子短跑项目中，苏炳添的身高是个短板。世界短跑领域的"黄金身高"在1米8至1米9之间，而苏炳添的身高只有1米72。从先天条件上来说，苏炳添几乎要和百米跑绝缘。

为了突破这一身体局限，2015年，苏炳添决定破釜沉舟，放弃之前十多年练就的起跑习惯，重构自身的起跑技术，把起跑脚由右脚改为左脚，步数由原来的47步增加到48步。

这个壮士断腕的决定是一个非常大胆的冒险。要知道，肌肉记忆对一个短跑运动员来说，简直就是命门一样的存在。从右脚起跑改为左脚起跑，这就意味着，苏炳添需要把自己十多年来培养的身体条件反射改过来。但是，十几年训练积累下来的发力习惯和肌肉记忆不是一下子就能推倒重来的。这个决定赌上的不仅是苏炳添自己的身体，还有他的职业生涯。

然而，苏炳添没有犹豫，而是更加刻苦地训练。正是靠着千万次的训练和坚强的意志力，他硬是把自己的起跑脚换过来了。新的大门也再次为这位坚毅勇敢的男人打开。这次技术上的改进，加上平时的刻苦训练极大地提升了他的起跑速度，最终，他突破了百米10秒的大关！

只有1米72的身高，却在强手如林的世界级百米跑道上成为一名顶尖选手，苏炳添凭借的正是他惊人的爆发力、不断精进的训练技巧和远超常人的刻苦训练。

所以说，苏炳添的成功绝对不是偶然，而是他多年努力拼搏的结果。枯燥而艰苦的训练，如同蝉要在地下经过的那段艰难的蛰伏期，苏炳添默默忍受，不断修炼，苦其心志，劳其筋骨。在那十分煎熬的蛰伏期里，他不但拥有了强大的实力，更具备了最强的忍耐力。正是凭借这些充分的准备，苏炳添终于迎来了东京奥运会的高光时刻，让世界见证了亚洲速度、中国速度。9秒83的背后，暗含了苏炳添多少的心血和汗水已经无法用语言来形容。

把握时间，告别拖延

我们在小学课本里都读过寒号鸟的故事。它有一句著名的口头禅"明天就垒窝"，在那个寒冷的冬天，它把这句话说了一遍又一遍，却一直没有行动，正是这一而再、再而三的拖延，最终导致寒号鸟被活活冻死。

"明天再……""以后再……"拖延成性的人最喜欢把这样的话挂在嘴边。他们总觉得自己有着大把的时间，反正迟一天做也没什么。然而，就是这种看似不起眼的拖延习惯，如同看不见的慢性毒药，它让那些拖延成性的人慢慢中毒而不自知，在日复一日的懒散和懈怠中白白地浪费大好的机会和时间，甚至葬送大好前程。

1923年，艾尔弗·雷德·斯隆走马上任成为通用汽车公司的总裁。凭着过人的智慧和意气风发的工作干劲，他一上任就开始推动新型轿车的研发工作。

与此同时，当时的行业老大福特汽车公司感受到了来自通用汽车公司的竞争压力。于是，福特汽车公司总裁，也就是创始人老福特的长子埃兹尔也开始组织技术人员设计新型轿车。他们在老款T型车的基础上研发了一种新款T型车。当埃兹尔喜滋滋地把设计成果拿给自己的父亲老福特看时，武断的老福特居然一票否决。

对老福特来说，儿子埃兹尔设计的新款T型车是对自己的老款T型车的一种挑战。这是他无法忍受的。他愤怒地对儿子说："原来的老款T型车销量不错，开发新款车的事缓一缓再说。"

就这样，小福特的新型车计划被无情地压制和拖延下来，而通用汽车公司却很快在1925年推出了崭新的雪佛兰轿车。这款新车问世当年，福特汽车的市场占有率就直降了12个点，第二年又再次下滑了5个点，市场占有率由原来的57%直降到40%以下。

此时，福特汽车公司的副总裁坎茨勒坐不住了，他语气委婉、措辞恭敬地给老福特写了一份备忘录，再次探讨推出新车型的问题。但老福特依然十分不满，并趁机撤掉了坎茨勒的副总裁职位，将他赶出了公司。

福特汽车公司研制开发新车型的计划又一次被搁置，一拖再拖。而老福特十分钟情的老款T型车的销量也仍旧在飞速下滑。

最终，当局势已然无法挽回的时候，老福特才终于意识到问题的严重性，认为研发新型车不能再拖下去了。于是，他重新组织技术人员研制开发新款汽车。直到1927年10月，一辆新型车才走下装配线，进入市场。

可惜为时已晚！早在两年前，通用汽车公司就凭借新款雪佛兰抢占了大部分本应属于福特公司的市场。福特汽车公司的拖延使本该胜券在握的他们败得一塌糊涂。

正是这次久拖不决的决策，成了老福特辉煌一生中的一个污点，让他自己拱手让出了得来不易的市场份额，几乎葬送了他一手缔造的汽车帝国的半壁江山，也亲手把通用汽车公司推上了崛起的快车道。可见，拖延的可怕，并不是危言耸听。

虽然很多人也深知拖延、懒散的可怕之处，但似乎无力挣脱，仍旧浑浑噩噩度日。一款接一款地玩手机游戏，接二连三地刷短视频，交友平台上和陌生人聊得热火朝天……不知不觉间，一天的时间就这样溜走了。他们任由这些毫无意义的琐碎事情把行动的力量消耗殆尽，让自己陷入拖延的漩涡中无法自拔。

为什么会这样呢？

一些心理学研究者们在研究拖延者的心理机制时发现，拖延成性的行为模式往往与以下几种原因有关。

1.对结果的恐惧

有的人面对任务时迟迟不肯行动，是因为他们害怕失败，认为自己无法胜任这项任务，只能通过推迟行动来逃避失败。而另外一些人的拖延则是害怕成功。他们知道自己将要完成的这个任务会带来某种结果，而这个结果并不是他们希望得到的。比如，有的孩子担心自己高考成功后就会离开父母、离开家，这是他不想面对的，因而迟迟不愿在学习上付诸行动。

对于这种情况，就要有人引导他们积极面对问题，减少对结果的过分关注，先做好当下，经过时间的沉淀，将来这问题也许会迎刃而解。

2.贪图安逸，自控力弱

做事拖延的人往往贪图安逸，任由自己沉溺在诱惑当中，很难把注意力集中在该做但无法带来快感的事情上。比如，本应该好好学习的时候，听到社交软件有消息提示，便立刻查看消息，结果便和朋友一发不可收拾地闲聊起来，又过了一会儿，想到某个主播的直播时间到了，于是放下手头的工作，进入直播间，结果又一个小时过去了……这样的人在做事之前，最好先排除那些可能出现的干扰，比如将手机静音，减少各种社交软件提示音的噪声等。

3.畏难情绪作怪

有时候，我们迟迟不愿意去做的事情，常常是我们觉得很难的事情。畏难情绪也是导致拖延的一种因素。这种情况下，我们可以把这些看上去很难办的事情拆分一下，理出一个头绪，然后各个击破。我们要明白，拖延只是逃避，难题不会因为我们的拖延而得到解决，它更不可能凭空消失，反而会让问题变得更严重。

造成拖延的原因有千百种，但后果却只有一个，那就是：拖延不仅不能省下时间和精力，反而会使人心力交瘁，疲于奔命。它消耗的不仅是我们的精力，还有我们的生命！所以，我们一定要克服拖延。那么，我们如何才能克服它呢？

1.马上行动

每天早上利用五分钟左右的时间列一张当天的行动清单，写清楚这一天需要完成的任务，然后按照前面讲过的"四象限法"，列出事情的先后顺序和大致所需要的时间，最好还能注明执行的时间。然后按照这张清单去行动，每完成一项任务就划掉一项。

2.专注于工作

有些拖延是因为注意力无法集中造成的。我们可以试着用"分段工作法"来克服。

具体来说就是：在开始学习或工作前，预估一下所需时间。比如，完成一项工作要两个小时。但一般情况下，我们的注意力很难持续专注两个小时，所以可以把任务分解为两个一小时，然后在两个一小时之间安排一次二十分钟左右的休息。

当我们准备好开始第一个小时的任务时就按下计时器。在接下来的一个小时里，屏蔽一切干扰和诱惑，把自己"钉"在椅子上，全身心地扑在当前的工作上，直到一个小时的闹铃响起，第一个时段的工作结束。

然后，进入二十分钟左右的休息时间。此时，我们可以起来走动一下，活动活动四肢、喝水、吃零食、去洗手间等，但不要接触那些可能会让自己沉迷其中的活动，比如打开新闻浏览网页，或者打开社交软件、刷短视频，等等。

休息结束后，回到座位进入第二个一小时，保持高度的专注，然后再次进入休息时段……

这种分时段工作法会制造一种紧迫感，容易让人投入其中，有效防止注意力分散。而且，如果能坚持采用这种工作法，我们的专注力也会得到提升。

第九章

善于与人合作，舍小利才能大有作为

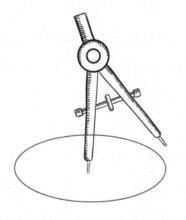

与其单打独斗，不如合作共赢

著名成功学大师戴尔·卡耐基说过："一个人的成功，只有15％是由于他的专业技术，而85％则要靠人际关系和他的为人处世能力。"这句话道出了合作的重要性。

作为普通人，我们的专业、知识、资源、能力都是有限的，要想做成一件事，必须要和他人通力合作才行。

比如说，我们想搞一项技术创新或是新产品开发，这个过程可能需要市场调研、产品设计、研发、实际生产、产品推广……各个环节所需的知识结构、技术专长、思维方式、科研水平等，一个人很难全部具备，这就要组建一个科研开发小组，大家各展所长，共同完成这项工作。

所以，要想获得更好的、更持续的发展，要想得到更多的机会和人脉的支持，我们就要放弃靠一个人单打独斗的想法，把自己融入到团队中，与大家齐心协力共同合作。

"一个篱笆三个桩，一个好汉三个帮"，合作不仅是一种精神，更是生存需要。善于与人合作，我们就能和他人形成优势互补，凝成合力，发挥1+1大于2的效果，争取更大的成功。古往今来的很多智者都深谙这个道理，并把它应用到治国理政和与他国外交方面。

春秋战国时期，秦国逐渐强大，对其他诸侯国形成了威胁。一些活跃在各诸侯国的谋士们就鼓动这些国家联合起来共同对付秦国。

在这样的形势下，很多谋士来到赵国的都城邯郸，商议要"合纵"六国的势力组成一个"联盟"，一起攻打秦国。

这个消息很快传到秦王那里，秦王对此很忧虑，就询问群臣应对之策。

大臣中有一位叫范雎的，站出来说道："大王，我有个主意可以让这群人的计谋落空。"秦王很高兴，便私下召见范雎，开始谋划。

不久，秦国派出使者带着五千黄金去往赵国。到了邯郸以后，使者便开始发放黄金。闻讯赶来的谋士纷纷抢夺黄金，没拿到黄金的人心中十分不满，拿到黄金的谋士偷偷与秦国的使者交往。

范雎见这个方法果然奏效，便让使者又带了五千黄金去赵国，这次有更多的谋士来抢黄金，甚至很多人因此相互争斗、打骂起来，闹得不可开交，再也不提"合纵攻秦"的联盟了。

原本有着共同利益、志同道合的六国，如果能够团结一致，联合起来攻打秦国，说不定真的可以赢得胜利。但是，当这些人被范雎用金子诱惑之后，便分崩离析，各自为战，六国合纵攻秦不能成行，秦国的危机自然也就解除了。

国家和平要注重合作，我们每个人要发展更是如此。有不少才华出众、能力卓越的年轻人认为合作不是必需的，凭借自己的盖世才华不愁做不出一番事业。这些年轻人可能还不是很明白，他一个人单打独斗固然也可以取得成功，但是如果他能够借助合作的力量，可能就会创造奇迹。

缔造了微软帝国、曾经的世界首富比尔·盖茨在一次采访中很坦率地谈到，微软公司能取得今天这么巨大的成功，要归功于很多人的努力和付出。虽然自己在IT方面很有天赋，对IT领域的发展也有一定的远见卓识，但如果仅凭他一个人打拼，即便他再努力，也不可能打造微软今天的成功。

比尔·盖茨特别强调了在微软初创时期，他的合伙人保罗·艾伦对微软的贡献。他提到创建微软的想法其实是他的合作伙伴艾伦一直在主导。如果没有艾伦的激励和帮助，也许就没有现在的微软。

对此，比尔·盖茨说："当时如果不是艾伦描绘的蓝图打动了我，也许我还会待在大学里。那么，以后所有的故事就不会发生了，我甚至怀疑自己当时是不是太过冲动。"

微软成立后，比尔·盖茨和保罗·艾伦的分工合作也十分默契。艾伦在技术上比较擅长，所以他更多地专注于探索新理念、研发新技术，而比尔·盖茨则擅长管理，主要负责整个公司的运营。

他们之间优势互补，仅仅用了三年时间就使当初名不见经传的微软创下了100万美元的销售额，这让当时的整个IT业都瞠目结舌。可以说，全球闻名的微软能有今天，离不开这两个完美搭档的倾力

合作。

与保罗·艾伦的完美合作让比尔·盖茨深刻地懂得：要实现自己的创业梦想，单打独斗是不行的，他需要和志同道合的人一起来完成它。合作成就了比尔·盖茨，更成就了微软公司。有着电脑奇才之称的比尔·盖茨尚且承认与人合作的重要性，我们普通人又怎么有勇气单打独斗呢？

反观另一位天才乔布斯，给了我们一个反面的例证。

苹果公司创始人乔布斯同样是一位天才。他能力超群，为苹果公司的创立和发展立下了汗马功劳。但是过度的自信是他极大的性格缺陷。乔布斯自视为天才，把其他绝大多数人看成是平庸的蠢材。他经常在公司里骂人，他看不顺眼的人，干脆都不允许对方开口说话。有时甚至不择手段地打压、驱逐同事，他喜欢独断专行，拒绝与人合作，脾气大，不合群，极难与人相处，员工们都很怕见到他。

正因如此，他越是有才华、有能力，对公司的负面影响也就越大。所以，当苹果公司有一段时间业绩增长缓慢，公司董事会便把责任归咎于乔布斯领导无方，借故解除了他的全部领导权，使他不得不离开苹果公司。

比尔·盖茨与乔布斯，同样以盖世的才华和卓越的成绩闻名于世，不同的是，比尔·盖茨能通过与保罗·艾伦的合作，取人之长、补己之短，打造了微软神话，而乔布斯独断专行，结果被迫离开了自己一手缔造的苹果公司。

他们二人的亲身经历告诉我们：真正内心强大的人是十分注重合作的，而且，他们还能够在合作中达成双赢。他们会在合作中借助他人的力量使自己的能力、才华得到更好的发挥和施展，同时也通过自己的努力让合作伙伴从中获益。完美的合作不只能打造成功，更能创造奇迹。

合作如此重要，那么要怎样做才能更好地赢得合作呢？

1.选择恰当的合作对象

一般情况下，双方如果能够优势互补就比较容易达成合作。另外，交往动机强、处事谦虚的人也更愿意和他人合作。

2.要充分沟通

选择合作，就要把双方之间的利益分配、合作原则事前沟通清楚，达成共识，才能促进合作。沟通越有效，合作的可能性就越大。沟通不充分，边界不明晰，利益分配不公平，合作就进行不下去，甚至还会反目成仇。

3.推崇双赢

要促成合作，就要推崇双赢。要让双方看到，因为合作，使彼此能够拥有更多的可能性和更多的成功机会。

4.提升自我价值

要想吸引别人的合作，我们自身首先要有一技之长，能够让别人有借用的价值，别人才愿意拿出自己的资源来和我们交换，促成合作。同时，我们也要有大格局，能够适当让利，与合作方取长补短，实现双赢甚至多赢。

🅰 强强联手，才能更强

阿里巴巴集团创始人马云在谈到现代企业的发展现状时曾说过，一个企业单打独斗的年代已然一去不复返，企业要想生存下去就必须合作，必须抱团取暖才能走得更远。

和马云的这段话互为印证的是：在2018年，京东到家联袂京东、沃尔玛、腾讯联合发布了《中国零售商超全渠道融合发展年度报告》。报告显示，在未来的零售行业，沃尔玛商超、腾讯、京东、京东到家这四个独当一面的业内龙头老大将抱团合作，打造新型的零售全渠道融合的发展模式，这也表明强强联合已经成为当今企业生存发展的必然。

2006年1月23日，世界知名传媒娱乐巨头迪士尼以74亿美元收购了皮克斯动画工作室，实现了强强联合。

早在上个世纪，迪士尼就和皮克斯有过合作。但是，当皮克斯动画接二连三取得巨大商业成功后，双方在是否要继续签约的问题上出现了严重分歧。两家公司都想为自己争取更大的利益，互不相让。

皮克斯的发展势头如此之迅猛，这是迪士尼在最初与之合作时万万没想到的。

2001年，皮克斯出品的《怪兽电力公司》全球票房达5.79亿美元。而迪士尼在2000年上映的动画片《恐龙》，全球票房仅有3.49亿美元，二者相差十分悬殊。2003年，皮克斯出品的《海底总动员》的全球票房更是高达9.41亿美元，不但如此，该片还在2004年获得了奥斯卡最佳动画长片奖，皮克斯一时风光无限。

对此，迪士尼首席运营官罗伯特·艾格和公司动画制作部的同事们经过多次会商讨论后，一致认为皮克斯的技术和创意是无可匹敌的，迪士尼不能坐视皮克斯成为自己的竞争对手或是成为其他对手的合作伙伴。

不久之后，罗伯特·艾格便向皮克斯方面表达了收购意向。

商谈中，罗伯特·艾格向皮克斯方面陈述了收购之后的益处：迪士尼有遍布全球的电影发行网络，世界各地主要国际大城市里还有迪士尼IP落地的主题乐园，可以为皮克斯今后的发展保驾护航。同时，罗伯特·艾格也一再强调，达成收购之后，皮克斯仍然保留自身的企业文化，仍然会受到迪士尼方面的保护和尊重。

可以说，迪士尼与皮克斯的合作是两大高手优势资源互补。于是，收购很快便达成了。原本是一场分手风波，最终以正式合作落下帷幕。此后，迪士尼不仅拥有了皮克斯的全部作品，还充分汲取了皮克斯的创作能量。

强强联手之后，迪士尼动画推出的《冰雪奇缘》《疯狂动物城》等影片都有皮克斯创作人才的加盟参与。这两部动画片的全球票房都突破了10亿美元，并都拿下了奥斯卡最佳动画长片奖。这一盛况使迪士尼动画再一次焕发了往日的风采和荣光。

而联手后的皮克斯也在大步向前，先后出品了《超人总动员2》《寻梦幻游记》《心灵奇旅》等动画片，都有不俗的战绩，仍然占据着动画领域的王牌地位。

迪士尼与皮克斯的合作可以说是典型的强强联手。皮克斯是内容王者，迪士尼是金牌营销，二者的优势资源合体后，更加稳固了他们在影视娱乐领域不可撼动的地位。

企业之间的联姻也好，个人之间的合作也罢，其本质都是从对方那里借力、借势、借智。如果联手的伙伴足够优质，我们就可以从对方那里借到优质的资源，使自己更强大，更有竞争力。这也就是所谓的"强强联手，才能更强"。

著名实业家、慈善家、曾经的香港首富李嘉诚就是一位非常善于从优质伙伴那里借力、借势、借智，来强大自己的高手。

与李嘉诚合作达几十年的律师李业广是一位香港商业圈里炙手可热的人物，他因为出色的专业能力成为很多富豪的高参。李业广本人是"胡关李罗"律师行的合伙人之一，同时还持有英联邦的会计师执照，是一位妥妥的"两栖"专业人士。用李嘉诚的话说，是"行内的顶尖人物"。李嘉诚凭借与李业广长达几十年的合作，实现了长江实业的多次稳健扩张。

英国人杜辉廉，出身伦敦证券经纪行，是一位十分出色的证券专家。早在20世纪70年代，李嘉诚便与之结缘。后来，李嘉诚聘请杜辉廉做长江实业多次股市收购战的高参，并负责长江实业及李嘉诚家族的股票买卖，杜辉廉也因此有"李嘉诚的股票经纪人"的称号。

1988年底，杜辉廉与好友共创百富勤融资公司。李嘉诚邀请"十八路"商界巨头参股，使百富勤发展神速，迅速成为商界小巨人。而李嘉诚持有的该集团的股份也为他带来了大笔红利。

有一次，《明报》采访李嘉诚时曾问道："您的智囊人物有多少？"李嘉诚回答："有好多吧！跟我合作过、打过交道的人，都是智囊，数都数不清。"

有人说李嘉诚是商业大佬，其实他更是一位整合各路优质资源的高手，他的善于借力、借势、借智，不但成就了自己的商业帝国，也成就了很多合作伙伴。

我国古代的先哲孙子曾说："借力者明，借智者宏，借势者成。"人生在世，如果我们想发展、壮大自己，就要有"借"的意识，更要有"借"的智慧。善于借力的人，会和对方实现共赢；善于借智的人，能使双方少走弯路；善于借势的人，常常能乘风破浪。

在这世界上，任何一个人的能力都是有限的，每个人都有自己的盲区。作为一个单独的个体，即便再卓尔不群，也有无法企及的高度；即便再博学多才，也不可能十全十美，正所谓"智者千虑，必有一失"。而如果我们能够懂得向优秀的人靠拢，站在巨人的肩膀上看世界，就能站得更高、看得更远，就会有全新的洞见。

从这个意义上来说，善于借力、借智、借势，以增己之强，就能使我们事半功倍，找到走向成功的最优捷径。而一个人能够以最小的代价收获更丰硕的成果，就是最大的远见和智慧。

🅰 真诚是最好的合作态度

秘书小张去4S店为公司采购三辆公车。导购小李得知后很是兴奋，心里想：要是一下能推销出三辆车，自己这两个月的业绩就都不用愁了。

于是，小李卖力地为小张推荐了三款车型，前两款分别是A型和B型，价格都比较高，之后又推荐了C型，价格稍微低一些。

接下来，导购小李在介绍三款车的时候，一直介绍A、B款车的优点，却丝毫不提及这两款车的任何缺点。而且，在推荐A、B两款车的过程当中，导购小李还不断地向小张列举C款车的诸多问题，感觉是在通过贬低C款车来让小张觉得买A、B款车才是最明智的选择。

导购小李的一番操作很快让秘书小张生出了防备和反感，感觉导购小李极力推荐A、B款车、贬低C款车的背后隐藏着什么秘密，自己似乎有被蒙蔽、被洗脑的危险。

这种想法一旦产生，小张就再也无法相信导购所说的任何一句话了。于是，她匆匆离开了这家4S店。

后来，小张无意中得知，原来这家导购极力推荐的A、B两款车因为价格比较高，销量不太好，所以店家推出促销策略，凡卖出一辆A或B款车，导购的提成要比其他车多一倍。

　　买卖双方的关系说到底其实也是一种合作关系，合作就要讲真诚。毫无疑问，在上面的例子中，导购小李在沟通中明显是非常缺乏诚意的。如果是一个有诚意的导购，在向顾客介绍产品的时候，最起码的做法是应该明白地告诉你的合作伙伴——也就是消费者——A、B、C三款车各有哪些利与弊，这些信息应该是向消费者公开透明的，然后把选择的权力交给消费者，让消费者根据三款车的价格和各自的优缺点，再结合自身的具体需求做选择。

　　而案例中的导购却从自己的利益出发，把急于出手的两个产品夸了又夸，另外一个又贬低到一文不值的地步，这种完全失去客观和理性的沟通，只会让消费者觉得这个导购可能存在欺骗行为，很不靠谱，甚至还会质疑这家店是不是也有问题，自然也就不会在这里买车了。

　　真诚是所有合作的基础，缺了这个前提，合作的可能性几乎为零。

　　不论是哪种形式的合作，双方的关系都应该是互惠平等的。既然是平等关系，就应该本着互相尊重、互相信任的态度进行沟通，这样才能促进双方之间真正的了解，为之后的合作打下基础。

　　要做到真诚，就不要在合作中耍小聪明。千万不要以为耍手段、搞阴谋让对方上当，而让自己从中谋利，是一件多么值得夸赞的行为。这其实是最愚蠢的做法。通过耍手段让自己获利或许可以使你一时达成目的，但失去的却是未来更大的利益与合作。一次失信于人，十次努力都弥补不了。

真诚的合作也不会通过"洗脑"或是"PUA"（Pick-up Artist，指一方通过言语打压、否定、精神控制等方式对另一方进行情感操控的行为）的方式达成。在合作中，洗脑或PUA对方，固然可以在最短时间内使对方和自己达成共识，似乎很有效率，但这种合作显然缺少了对彼此的充分理解，与其说是合作，不如说是一方为了达成自己的目的而对另一方实施的控制和蒙蔽，这样的合作是不可能长久的。

而且，这种方式用得多了，成为一种习惯之后，早晚有一天会形成反噬，让使用它的人自食恶果。一切不真诚的言行只可能在短期内给我们带来好处，而从长期的结果来看，都是我们给自己埋的雷。

每一个做成大事、取得大成就的人，往往都会在合作中拿出十二分的真诚来对待自己的合作伙伴。虽然他们深知以诚待人，就要直面自己的很多问题，就要承担更多的责任，但他们更加清楚，不真诚的伎俩只会得逞一时，这条路一定走不远。

1988年的一天，恒基兆业主席李兆基的办公室里，建筑部的经理在汇报工作时提到，之前承接恒基集团工程的承包商要求补发酬金。

李兆基问："他要求补发的理由是什么呢？"

建筑部经理回答："他们当初竞标的时候，预算出了纰漏，现在结账时才发现少了一笔费用。"

李兆基说："哦，那是够不幸的。虽然错不在我们，但他毕竟是我们的合作伙伴，而且也合作很长时间了，他们承接的那个项目也让我们赚了钱，就补给他们吧！"

按说，少付款项是对方的纰漏，而且已然签订了合同，如果李兆基不补发，也一点儿问题没有，但李兆基没有得理不饶人，而是本着真诚合作的态度，帮合作伙伴解除了困境。

正因为李兆基能够对自己的合作伙伴真诚相待，所以很多人都非常愿意与他共事，对他忠心耿耿。这可能也是李兆基能够把自己的事业做大、做强的原因之一。

在合作中能够与对方真诚相待是一种能力。真诚的人不说官话，更不说谎话，而是说很实在的话，能够快速打消彼此之间距离感和严肃感，在双方之间快速建立信任感。

当然，说很实在的话并不意味着要把自己的底牌向对方和盘托出，或是在沟通中什么话都说。恰恰相反，因为秉承着真诚的态度，所以我们才知道什么该说、什么不该说，什么该做、什么不该做。真诚，是一种诚恳的交流态度，不是知无不言、言无不尽的泄密。

比如，谈判的A、B双方，如果A方代表私下里问B方代表，他们的上一个合作伙伴的保密信息时，B方代表完全可以真诚地回答："很抱歉，您问的这个问题我不能回答，因为这属于前合作伙伴的商业机密，我必须尊重我的前合作伙伴，无法告诉你这个信息。"

反之，如果B为了拉近与A的关系，把前合作伙伴的商业机密透露出去，这不但不是真诚，反而是另外一种形式的不诚信。这样的态度不但无法赢得合作方的好感，有可能连起码的尊重都没有了，甚至还会招致合作失败。

真诚，就是说那些可以说的，不能说的也直接表达出拒绝。正因为我们心怀真诚，所以，不该说的时候，我们也要捍卫自己的权利，底气十足地说"不"。

《中庸》有言："诚者，物之终始，不诚无物。"真诚本身就是一份磅礴的力量。坦率真诚地对待合作伙伴，也真实地面对自己，不仅仅是一种美德或品质，更是一种能力和勇气，它可以帮我们赢得更多的伙伴、更长久的合作。

注重人品，学会选择合作伙伴

如果我们把三国时期，刘备建立蜀汉政权看成一个重大创业项目的话，那么刘备在创业初期选择张飞、关羽为合伙人，可以说是为我们展示了教科书式的合伙人选择案例。

首先，我们来看看刘备自身的条件和品性。刘备皇叔的身份在创业之初为他吸引了不少人才和人气。

此外，刘备非常有见识，他在当时纷乱的局势中看到了天下豪杰在重新洗牌，预感到自己的机会可能就要来了。他深谙当时天下人期盼安定的理想诉求，打出了为民请命、匡扶汉室的旗号，以此凝聚了一批有志之士和忠勇之才汇集到他的麾下。

刘备也比较有人格魅力，他坚毅、宽厚、仁德、爱民，他的这些特质深受底层百姓发自内心的拥护，纷纷投奔。而中上层士族、权贵对刘备的背景也不排斥，甚至对其充满敬佩。可以说，刘备的优秀品质以及治国、用人方面的高超艺术成就了他的一个核心能力——感召优秀人才为其效力。这一点是一个创业者最难能可贵的品质。

再来看看张飞的人品和特点：张飞智商比较高，有理想、有抱负，喜欢结交天下豪杰。在入股刘备的项目之前，张飞家中有果园、畜牧场，县城还有肉铺、酒店等，资金充裕，但张飞并没有沉溺在安乐窝里不理世事，他仍有救国安邦的理想，这一点和刘备、关羽二人志同道合。创业初期，他做了项目的主要投资人，又出人又出钱，无怨无悔。

至于关羽，一身浩然正气，武功卓绝，虽然他入伙时身份是在逃杀人犯，但他嫉恶如仇，崇尚忠义精神，对刘备忠贞不二，对张飞非常讲义气，他的一生都在践行忠义之道。

刘、关、张这三位的结合可以说是相当理想的合伙人组合。

1.各有所长，各有所需，优势互补

刘备有领导才能，需要有能力、讲忠义的人助他一臂之力，而张飞、关羽正是他的理想人选；关羽有勇有谋，但他因为是在逃杀人犯，需要投靠明君圣主建功立业，以便清除这个污点，刘备的政治背景和能力非常有可能帮关羽实现这一理想；张飞，勇猛异常，终身的抱负就是要改变命运，封侯万里，张飞也和关羽一样，在刘备身上看到了自己的希望。这三个人在利益上休戚与共，在志向上志同道合，三人的结合为蜀汉项目的发展壮大打下了坚实的基础。

2.志同道合

他们三个人都有着很强烈的创业激情以及为建立功业而努力奋斗的坚定信念，他们也都有着三观很正的做人原则。兄弟之间肝胆相照，有着"祸福同享，生死与共"的精神契约，在利益上共进退。

3.性格上没有致命短板

找合伙人，最怕的就是能力过人但是人品差得爆表。比如，有的人为了个人利益喜欢玩弄权术，巧言令色，善于迷惑人。这样的人即便能力比较强，也还是对他们敬而远之比较好，如果把他们列为合伙人，一旦有利可图的时候，这类人就会投机取巧，为了个人私欲损害团队利益，最后可能搞垮整个创业团队。

而刘、关、张三人就不存在这样的问题。刘备宽厚仁和，很有包容力，能够用人所长，容人所短。但凡刘备有一点儿曹操的奸诈、算计和狭隘，估计关、张二人都不可能那么死心踏地追随他。而且，刘备头脑冷静，做事踏实，虽然张飞和关羽有时候会冲动行事，但刘备都能想办法镇得住他们两兄弟。

而张飞、关羽则比较正直、坦诚，讲究忠义，一心辅佐刘备成就霸业，彼此之间没有什么算计和私欲。

三人的这种性格决定了他们之间不会有太大的利益冲突，即便是偶有不合，也不会伤筋动骨，危及整个创业团队。

由此，我们可以看出，人与人合伙做项目也好，企业与企业联姻做生意也罢，在选择合作伙伴的时候，一定要把合作伙伴的品格放在第一位，其次才是能力和资源。

洛克菲勒有句话非常值得我们深思，他说："坚强有力的同伴是事业成功的基石，他们既可以把你的事业推向更高峰，也可能导致集团的分裂，而使你元气大伤，甚至倾家荡产。"

回顾很多创业失败的案例，其主要原因往往都是没有选择好合作伙伴导致的。理想的合作伙伴不仅要相互信任、能力互补，更重要的是，在性格上也要有较好的相融性。

比如，合作伙伴能够互相欣赏，遇到困难时能够互相鼓励、相互帮助；合作伙伴有长远的发展眼光，当合作出现迷茫、犹豫彷徨时，彼此能够坚定目标，互相搀扶着走出误区。

另外，如果合作伙伴能够直率坦诚，那么在合作出现分歧时，彼此就能够开诚布公地交流沟通、解决问题，而不是在心里暗暗算计、较劲。合作伙伴如果大气有格局，有互利共赢的精神，那么在偶有利益分歧的时候，就不会斤斤计较，而是为了更大的目标舍得放弃小的利益。

英国首相丘吉尔曾说过："世界上没有永远的朋友，只有永远的利益。"这话说得很有道理。但是如果一个人的眼中只有利益，没有其他，也不能作为合作人选，因为他们只注意自己的得失，关键时刻会为自己的蝇头小利不惜伤害整个团队。

同样的，那些没有使命感的人，眼中只有怎么赚钱发财，这类人往往心胸狭窄，不懂感恩，不讲信用，我们也不能与之合作。

至于那种为人刻薄、不尊重他人，或是善于阿谀奉承、遇到权贵卑躬屈膝，爱吹牛、轻承诺、当面一套背后一套的人，这类人做普通同事都要防备一二，更不要说拉过来做合作伙伴了。与这样的人合作，行动尚未开始，就早已为悲剧的结局埋下了伏笔。

而那种奉行你输我赢、赢者通吃逻辑的人，或者喜欢尔虞我诈、以邻为壑的人，也一定要远离，一旦与这样的人合作，他们到最后往往是堵上自己的路，也封上了你的门，侵害的是共同的发展根基。

与凤凰同飞，必然是俊鸟；与虎狼同行，必然是猛兽。我们选择与谁合作同行，决定了我们能走多远、飞多高。所以，做事的时候，善于与人合作很重要，但更关键还要学会选择合作伙伴。